KB096346

수학 교과서
개념 읽기

소수
약수에서 인수분해까지

약수에서 인수분해까지

소수

수학 교과서
개념 읽기

김리나 지음

창비

'수학 교과서 개념 읽기' 시리즈의 집필 과정을 응원하고
지지해 준 모든 분에게 감사드립니다.
특히 제 삶의 버팀목이 되어 주시는 어머니,
인생의 반려자이자 학문의 동반자인 남편,
소중한 선물 나의 딸 송하,
사랑하고 고맙습니다.

흔히들 수학을 잘하기 위해서는 수학의 개념을 잘 이해해야 한다고 말합니다. 그렇다면 '수학의 개념'이란 무엇일까요?

학생들에게 정사각형의 개념이 무엇이냐고 물으면 아마 대부분 "네 각이 직각이고, 네 변의 길이가 같은 사각형"이라고 이야기할 겁니다. 하지만 이는 수학적 약속 또는 정의이지 수학의 개념은 아니랍니다.

수학적 정의는 그 대상을 가장 잘 설명할 수 있는 대표적인 특징을 한 문장으로 요약한 것이라 할 수 있습니다. 따라서 나라마다 다를 수 있고 시대에 따라 달라지기도 합니다. 예를 들어, 정사각형을 '네 각이 직각인 평행사변형'이라고 정의할 수도 있고, '네 변의 길이가 같은 직사각형'이라고 정의할 수도 있지요.

반면 수학의 개념은 여러 가지 수학 지식들이 서로 의미 있게 연결된 상태를 의미합니다. 예를 들어 정사각형을 이해하기 위해서는 점, 선, 면의 개념을 알고 있어야 하고, 각과 길이의 개념도 이해해야 합니다. 또한 정삼각형이나 정육각형 같은 다른 정다각형의 개념도 알아야 이를 정사각형과 구분할 수 있겠지요. 따라서 '수학의 개념을 안다'는 것은 관련된 여러 가지 수학 내용들을 의미 있게 조직할 수 있음을 의미합니다.

하지만 여러 가지 수학 지식들의 공통점과 차이점, 그외의 연관성들을 이해하고 이를 올바르게 조직하여 하나의 '수학적 개념'을 완성하는 것은 쉬운 일이 아닙니다. 하나의 수학 개념을 이해하기 위해 수와 연산, 도형, 측정과 같은 여러 가지 영역의 지식이 복합적으로 사용되기 때문입니다. 중학교 1학년에서 배우는 수학 개념을 알기 위해 초등학교 3학년에서 배웠던 지식이 필요한 경우도 있지요.

'수학 교과서 개념 읽기'는 수학 개념을 완성하는 것을 목표로 하는 책입니다. 초·중·고 여러 학년과 여러 수학 영역에 걸친 다양한 수학적 지식들이 어떻게 연결되어 있는지를 설명하고 있지요. 초등학교에서 배우는 아주 기초

적인 수학 개념부터 고등학교에서 배우는 수준 높은 수학 개념까지, 그 관련성을 중심으로 구성되어 있습니다.

'수학 교과서 개념 읽기'는 수학 개념을 튼튼히 하고 싶은 모든 사람에게 유용한 책입니다. 까다로운 수학 개념도 초등학생이 이해할 수 있도록 여러 가지 그림과 다양한 사례를 통해 쉽게 설명하고 있으니까요. 제각각인 듯 보였던 수학 지식이 어떻게 서로 연결되어 있는지 이해하는 과정을 통해 수학이 단순히 어려운 문제 풀이 과목이 아닌 오랜 역사 속에서 수많은 수학자들의 노력으로 이룩된, 그리고 지금도 변화하고 있는 하나의 학문임을 깨닫게 되기를 희망합니다.

2021년 1월

김리나

소수는 1과 자기 자신만을 약수로 가지는 자연수입니다. 소수를 이해하기 위해서는 약수가 무엇인지 먼저 알아야겠지요? 그래서 이 책은 약수를 약속하는 데 필요한 나눗셈의 개념부터 시작해요. 그리고 소수를 약속한 다음, 소수를 이용한 계산 방법인 소인수분해와 소인수분해의 개념을 활용한 인수분해도 알아볼 거랍니다. 물론 소수가 우리 생활에 어떻게 활용되고 있는지도 확인해 보아야겠지요? 나눗셈, 소수, 소인수분해는 간단해 보이지만 위대한 수학자들조차 그 개념을 이해하기 위해 평생을 바쳐 연구했고, 지금도 수많은 수학자들의 난제로 남아 있답니다. 자, 이제 우리도 소수의 세계에 도전장을 내 볼까요?

1부 약수, 나누어떨어지게 하는 수

2부 소수, 바탕이 되는 수

3부 소인수분해

4부 인수분해

수를 이해하는 새로운 방법

다음 그림에서 사과는 모두 몇 개일까요?

사과의 개수는 모두 3개입니다. 이때 1, 2, 3…과 같이 물건의 개수를 나타내는 데 사용되는 수를 자연수(自然數)라고 합니다. 자연수는 일상생활에서 자연스럽게 사용되는 수라는 의미이고 1부터 시작해서 1씩 커지는 모든 수를 뜻합니다.

자연수는 모든 수의 시작입니다. 아주 오래전에는 자연수만 사용되었지요. 하지만 자연수만으로는 나타내기 어려운 상황들이 발생했고 이를 표현하기 위해 새로운 수들이 생겨났어요.

예를 들어, 사과 4개를 2개의 접시에 나누어 담을 때 하나의 접시에 담기는 사과의 개수는 다음과 같습니다.

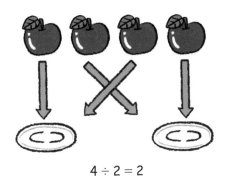

$$4 \div 2 = 2$$

그렇다면 사과 1개를 2개의 접시에 나누어 담는 것은 어떻게 나타낼 수 있을까요? 사과 1개를 반으로 자르면 2조각이 되고, 그중 1개를 접시에 담으면 $1 \div 2 = 1$이 되는 걸까요?

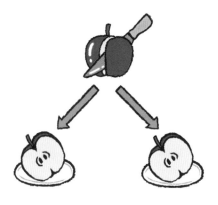

$1 \div 2 = 1$?

분명 1을 나누었는데 다시 1이 된다니 이상하지요? 사과 1개와 사과를 반으로 나눈 것 중 하나는 똑같이 1이라는 자연수로 나타낼 수 있지만, 각각의 1이 의미하는 양은 다릅니다. 이 때문에 우리는 분수를 이용해 사과 1개를 둘로 나눈 것 중에 1개라는 의미를 정확하게 표현한답니다. 즉 $1 \div 2 = 1$이 아니라 $1 \div 2 = \frac{1}{2}$이 되는 것이지요. 분수 이외에도 음수, 소수, 무리수, 허수 등 다양한 수들이 자연수를 토대로 생겨났습니다. 따라서 자연수에 대한 이해는 세상의 모든 수를 향한 첫걸음이라고 할 수 있어요.

그렇다면 여러분은 자연수에 대해 무엇을 알고 있나요? 물건의 개수를 셀 때 사용되는 수, 1, 2, 3…과 같이 1씩 커지는 수라는 것 외에 자연수가 어떤 성질을 가지고 있는지 설명해 보려고 하면 고개를 갸웃하게 됩니다.

자연수를 이해하기 위한 수

우리는 이 책에서 자연수를 이해하는 데 중요한 열쇠가 되는 수인 소수(素數)에 대해 알아보려고 해요. 소수는 '희다, 바탕'이라는 의미의 한자 소(素)와 수를 의미하는 한자를 합쳐 만든 단어로 '바탕이 되는 수'라는 의미를 가지고 있어요. 영어로는 프라임 넘버(prime number)라고 하는데 최초의 수라는 뜻이지요. 가장 먼저 생겨난 수는 자연수이지만 자연수를 구성하는 기본 단위가 소수이기 때문에 '최초의 수'라고 한답니다.

북한에서는 소수를 씨수라고 해. 여러 가지 수가 만들어지는 씨앗이라는 뜻을 가지고 있지.

그런데 잠깐, 여기서 이야기하는 소수는 $\frac{1}{10}$ 을 0.1, $\frac{1}{100}$ 을 0.01로 나타내는 것과 같이 분수를 십진기수법 체계에 맞게 표현한 소수가 아닙니다. 0.24, 0.33과 같은 소수는 '작다'라는 의미의 한자 소(小)를 수(數) 앞에 붙여서 小數라고 쓴답니다. 우리가 이 책에서 살펴볼 소수(素數)와 소수(小數)는 다른 개념이에요.

소수는 자연수 중에서 1과 자기 자신으로만 나누어떨어지는 수를 의미합니다. 나누어떨어진다는 것은 나누었을 때 나머지가 0이라는 것이지요. 예를 들어, 3은 1과 자기 자신인 3으로만 나누어떨어지므로 소수라고 할 수 있습니다. 반면 4는 1과 자기 자신 외에 2로 나누었을 때에도 나머지가 0이므로 소수라고 할 수 없습니다.

$3 \div 1 = 3\cdots0$

$3 \div 2 = 1\cdots1$ ➡ **3은 소수.**

$3 \div 3 = 1\cdots0$

$4 \div 1 = 4\cdots0$

$4 \div 2 = 2\cdots0$

$4 \div 3 = 1\cdots1$ ➡ **4는 소수가 아님.**

$4 \div 4 = 1\cdots0$

우리는 이 책에서 소수가 어떻게 모든 자연수를 만드는 바탕이 되는지 알아볼 거예요. 그리고 소수를 이용해 자연수를 분석하는 소인수분해와 이를 복잡한 식의 계산에 활용한 인수분해 등 소수와 관련한 수학자들의 다양한 연구들도 살펴볼 예정이에요. 그 전에 소수를 약속하기 위해 필요한 '약수'의 개념부터 확인해 볼까요?

1부

약수,
나누어떨어지게 하는 수

약수(約數)는 어떤 수를 나누어떨어지게 하는 수를 말합니다. 소수를 약속하기 위해 꼭 알고 있어야 하는 개념이지요. 약수는 '묶다'라는 의미의 한자 약(約)과 수를 나타내는 한자를 합쳐서 만든 단어입니다. 그런데 왜 어떤 수를 나누는 데 '묶다'라는 의미가 들어가 있을까요? 이를 이해하기 위해서는 나눗셈의 의미를 정확히 알고 있어야 합니다. 나눗셈과 약수에 대해서 알아봅시다.

나눗셈

나눗셈은 '가르다'라는 의미의 '나누기'와 '수를 센다'라는 의미의 '셈'이 합쳐진 단어입니다. 즉, **수를 가르는 것과 관련한 계산 방법**이라는 뜻을 가지고 있지요. 다음 그림을 살펴볼까요?

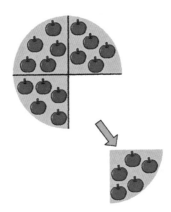

사과 20개를 4개의 묶음으로 똑같이 가른 것 중에 한 묶음에 있는 사과의 개수를 보여 주고 있습니다. 이 그림을 설명할 때 "사과 20개를 4로 나누면 5가 된다."라고 이야기합니다. 이때 '나눈다'라는 표현 앞에는 '같은 크기 또는 양으로'라는 말이 생략되어 있습니다.

1. 나눗셈의 기호

'3 더하기 5'를 덧셈 기호를 사용해 '3 + 5'라고 나타내 듯이 나눗셈 역시 기호로 나타낼 수 있습니다. 대부분의 학생들은 '6 나누기 2'를 나눗셈 기호 '÷'를 사용해서 '6 ÷ 2'라고 쓴다고 알고 있습니다. 그런데 전 세계 어디 서나 기호 '+'가 더하기를 나타내는 것과는 달리 나눗셈 기호는 나라마다 다양하답니다. 사실 우리도 수학 시간에 여러 가지 종류의 나눗셈 기호를 사용하고 있지요. 예를 들어, '18 나누기 3'을 다양한 방법으로 나타내면 다음과 같습니다.

$$\frac{18}{3} \quad 18/3 \quad 18 \div 3 \quad 18\text{:}3 \quad 3\overline{)18}$$

여러 나라에서 나눗셈과 관련한 기호들이 각각 만들어 졌고 이 기호들이 아직도 혼용되고 있습니다. 나눗셈을 나타내는 각각의 기호에 대해 조금 더 알아볼까요?

$\frac{18}{3}$과 같이 가로선을 이용해 나눗셈을 나타내는 방법

은 고대 인도 사람들의 나눗셈 표기 방법에서 유래했습니다. 원래 인도 사람들은 $\frac{18}{3}$과 같이 18과 3 사이에 가로선을 그리지 않았습니다. 1100년대 인도와 유럽 사이의 무역을 담당했던 아라비아 상인들이 인도의 분수 표기법을 유럽에 소개하면서 $\frac{18}{3}$ 사이에 가로선을 추가했습니다. 나눗셈의 의미를 명확하게 나타내기 위해 18과 3 사이에 가로 막대를 추가하여 기호를 발전시킨 것이지요.

18/3에서 18과 3 사이에 있는 '슬래시(slash)'라고 부르는 사선 모양의 기호 /는 1845년 영국 수학자 오거스터스 드모르간이 처음 사용했습니다. 18 나누기 3을 $\frac{18}{3}$로 쓰는 것보다 18/3으로 쓸 경우 보기에도 좋고 훨씬 편리하다는 점에서 착안한 것이지요.

우리나라 수학 교과서에 가장 자주 등장하는 나눗셈 기호인 ÷는 스위스 수학자 요한 하인리히 란이 1659년 『대수학』이라는 저서에서 소개했습니다. 다음 그림과 같이 숫자와 가로선을 이용해 새로운 기호를 창조한 것이지요. 그런데 란이 만든 나눗셈 기호 ÷는 그의 조국이었던 스위스나 유럽보다 영국과 미국, 우리나라에서 더 많이

사용되었답니다. 유럽 사람들은 / 기호가 더 익숙했던 것
이지요.

$$\frac{18}{3} \implies \div$$

독일의 수학자 고트프리트 빌헬름 폰 라이프니츠는 두 점을 세로로 찍은 나눗셈 기호 :를 만들었습니다. $\frac{18}{3}$에서 18을 앞에, 3을 뒤에 적어 18:3으로 표현했습니다. 우리 가 두 수의 양을 나타내는 비(比)와 기준량에 대한 비교하 는 양의 크기를 나타내는 비율(比率)을 표시할 때 기호 :를 사용하고 이를 분수의 형태로 바꾸어 나타내는 것은 라이 프니츠의 나눗셈 기호 :를 응용한 것이랍니다.

나눗셈을 세로로 계산할 때 사용되는 $\sqrt{}$ 기호는 오랜 기간 여러 책들을 통해 점차 완성되었기 때문에 누가 처 음 발명했는지 알 수는 없습니다. 다만 고대 인도에서 사 용되던 갤리법(galley method)에서 유래한 것으로 추측하

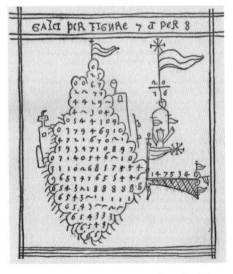

갤리선의 모습(위)과 프란시스 롤트 휠러의
『우주의 과학사』에 실린 갤리선 나눗셈(아래).

기도 합니다. 고대 이집트의 나눗셈 방법이 아라비아 상인들을 통해 유럽에 전해져 지금의 나눗셈 기호로 발전했다는 것이지요. 갤리(galley)는 고대 그리스나 로마 시대에 주로 노예들에게 노를 젓게 한 배의 이름입니다. 왼쪽 그림과 같은 배를 갤리선이라고 하는데 나눗셈의 계산 과정이 배의 모양과 닮았다고 해서 붙여진 이름이에요.

나눗셈 기호가 이렇게 많다니 놀랍지요? 그런데 수학 기호는 '약속'인데, 이렇게 나눗셈 기호가 다양하니 어떤 약속을 따라야 할지 고민이 됩니다. 나라마다 다른 단위의 문제점을 해결하고 국제적으로 통용되는 기준 단위를 정하기 위해 1947년에 만들어진 국제 표준화 기구에서는 나눗셈 기호로 사선 /와 분수의 가로선 ─만 인정했지요. 우리가 살펴본 나머지 기호들은 국제적으로 통용되는 수학 기호는 아니에요. 전 세계적으로 길이와 관련한 기호는 센티미터(cm), 미터(m)와 같이 미터법만 사용하기로 약속했어도 미국에서 피트(feet), 마일(mile)이라는 단위가 사용되거나 우리나라 말에 리(里)라는 단위가 남아 있는 것처럼 각 나라에서는 그동안 사용하던 기호를 습관적으로 더 많이 사용하고 있는 것이지요.

우리나라도 국제 표준화 기구에 가입되어 있지만 전 세계적으로 약속된 기호인 18/3 또는 $\frac{18}{3}$ 대신 18 ÷ 3이나 3)$\overline{18}$ 등 다른 기호를 더 많이 사용하고 있습니다. 오랜 시간 사용한 기호를 바꾸는 것은 쉬운 일이 아니랍니다. 이 책에서도 우리가 수학 시간에 자주 사용하는 기호인 ÷를 이용해 나눗셈에 대해 이야기할 거예요.

십 리란?

'내 코가 석 자', '천 리 길도 한 걸음부터', '수염이 석 자라도 먹어야 양반', '5척 단신, 8척 장신' 등 우리 생활 속 여러 표현에 등장하는 자, 척(尺), 리(里) 등은 과거 우리나라에서 사용되었던 길이의 단위입니다. 우리나라는 1959년 국제 미터 협약에 공식 가입했고, 1961년 계량법을 제정해 미터법을 사용하기 시작했습니다. 그 이전에는 길이의 기본 단위로 척(尺)을 사용했지요.

척의 한자 尺은 상형 문자로 손가락을 넓게 펼친 모습에서 유래해 '신체 척'이라고도 합니다. 1척은 미터법으로 환산했을 때 대략 30.3cm이고 '자'와 '척'은 같습니다. 조선 시대에는 6척을 1보로, 360보를 1리로, 3600보를 10리로 삼아서 사용했습니다. 하지만 사람의 신체를 기준으로 한 척의 길이는 각 시대에 따라 달랐습니다. 따라서 민요나 속담에 등장하는 '리'가 정확히 얼마인지 알 수는 없습니다. 다만 현재 법정 계량 단위 환산표에 따르면, 1리는 392.727m, 대략 400m 정도이니 "십 리도 못 가서 발병 난다."라고 할 때는 대략 4km 정도라는 걸 알 수 있습니다.

1척

2. 나눗셈 용어

나눗셈의 정의와 기호를 알아보았으니 이제 나눗셈과 관련된 용어들을 확인해 봅시다. 8 ÷ 2 = 4라는 나눗셈에서 2로 나눠지는 수인 8을 피제수(被除數), 나누는 수인 2를 제수(除數), 답인 4를 몫이라고 합니다. 그리고 나누어 떨어지지 않을 때 남은 수는 나머지라 합니다.

피제수, 제수와 같은 용어들이 너무 어렵죠? 나눗셈을 과거에는 '제거하다, 없애다'라는 의미의 한자 제(除)를 사용해 제법(除法)이라고 했었어요. 제법은 일본어 죠호오(除法, じょほう)에서 온 말이에요. 일제 강점기에 교과서가 모두 일본어로 만들어지다 보니 해방 이후에도 일본어의 잔재가 수학 용어에 많이 남아 있게 된 것이죠.

지금은 제법을 순우리말인 나눗셈으로, 피제수와 제수를 나눠지는 수, 나누는 수로 순화해서 사용합니다. 하지만 $\dfrac{x^3 - 12x^2 - 42}{x - 3}$ 와 같이 문자가 포함된 식의 나눗셈 방법을 의미하는 '조립제법'처럼 여전히 나눗셈과 관련한 수학 용어들에서 제법이라는 말이 사용되고 있으니 기억해 두면 좋습니다.

나눗셈의 이해

② 나눗셈의 이해

+, −, ×, ÷와 같은 수학의 연산 기호들은 긴 수학 문제나 풀이를 간단히 나타내는 데 사용됩니다. 이 기호들을 언제 사용해야 하는지는 모두 약속되어 있어요. 어떤 수를 더할 때에는 +를, 뺄 때에는 −를 사용하는 것처럼 말이에요. 그런데 특이하게도 나눗셈(÷)은 두 가지 상황에서 쓰는 것으로 약속한 기호입니다. 나눗셈으로 표시할 수 있는 수학적 상황 두 가지는 등분제(똑같이 나누기)와 포함제(반복해서 빼기)입니다. 나눗셈의 상황을 이해하는 것은 이후 나눗셈 관련 문제를 푸는 데 바탕이 됩니다.

1. 등분제(똑같이 나누기)

'나눗셈' 하면 무엇이 제일 먼저 떠오르나요? 혹시 무언가를 친구들에게 똑같이 나누어 주는 상황이 떠오르나요? '똑같이 나누어 주는 것'을 나눗셈에서는 등분제라고 해요. 등분제는 '같다'라는 의미의 한자 등(等), '나누다'라는 의미의 한자 분(分), '덜어 낸다'라는 의미의 한자 제(除)를 합쳐서 만든 단어이지요.

등분제는 분수의 개념을 바탕으로 나눗셈을 약속하는 상황을 나타냅니다. 분수는 '똑같이 나눈 것 중에 일부분'을 나타내는 수입니다. 예를 들어 피자 한 판을 4명에게 똑같이 나누어 줄 때 1명이 받는 피자의 크기는 전체의 $\frac{1}{4}$입니다.

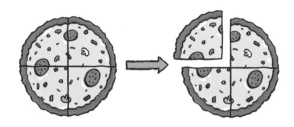

이러한 분수의 개념을 나눗셈 식으로 나타내면 다음과 같아요.

$$1 \div 4 = \frac{1}{4}$$

따라서 등분제 상황의 나눗셈 문제에서는 똑같이 나눌 때 나눈 것 중 하나의 크기를 구하고자 한답니다. 예를 들어 다음 문제를 살펴볼까요?

Q. 과자 6개를 2명에게 똑같이 나누어 주었을 때 한 사람이 받는 과자의 개수는 몇 개인가요?

이 문제를 풀기 위해서는 어떻게 해야 할까요? 과자를 2명에게 똑같이 나누어 주려면 다음 그림과 같이 2명에게 과자를 하나씩 번갈아 주면 될 거예요. 6개의 과자를 번갈아 준 후 각자 가지고 있는 과자의 개수를 확인하면 답을 구할 수 있습니다.

답: 한 사람이 받는 과자는 3개입니다.

이 문제는 그림을 그리거나 직접 해 보지 않아도 다음과 같이 나눗셈을 이용하여 간단히 풀 수 있어요.

$$6 \div 2 = 3$$

나눗셈에서는 모두 똑같이 나누는 것이 당연한데 굳이 '등분제'라는 어려운 용어를 사용하는 것이 이상하다고요? 그 이유는 모두 똑같이 나누는 상황이 아닌 다른 상황에서도 나눗셈 기호를 사용하기 때문입니다. 두 가지 경

우를 구분하기 위한 것이지요. 나눗셈 기호를 사용하는
또 다른 경우를 알아볼까요?

2. 포함제(반복해서 빼기)

전체에서 똑같은 개수씩 반복해서 빼는 횟수를 구하는 상황을 나눗셈으로 표현할 수 있습니다. 같은 수를 여러 번 더하는 상황을 곱셈 기호(×)를 이용해 나타낼 수 있다는 것을 알고 있지요?

$$5 + 5 + 5 + 5 + 5 + 5 + 5$$

➡ 5를 7번 더함

➡ $5 \times 7 = 35$

나눗셈도 마찬가지예요. 같은 수를 여러 번 빼는 상황을 나눗셈 기호(÷)를 이용해 나타낼 수 있습니다.

$$35 - 5 - 5 - 5 - 5 - 5 - 5 - 5 = 0$$

7번

➡ 35에서 5를 7번 뺄 수 있음.

➡ $35 \div 5 = 7$

이때 '35에서 5를 7번 뺄 수 있다'는 것은 '35에 5가 7번 들어 있다'로 생각할 수 있습니다. **포함제(包含除)는 똑같은 수를 반복해서 빼는 상황을 나눗셈 기호를 사용하여 나타내는 것입니다.** 즉, 어떤 수 안에 다른 수가 몇 묶음이나 포함되어 있는지를 구하기 위한 나눗셈입니다.

예를 들어 다음 문제를 살펴볼까요?

Q. 과자 6개를 2개씩 나누어 주려고 합니다. 몇 명에게 줄 수 있을까요?

이 문제는 6개의 과자를 2개씩 묶었을 때 몇 묶음, 즉 몇 사람에게 나누어 줄 수 있는가를 묻고 있습니다. 즉, '과자 6개에는 과자 2개짜리 묶음이 몇 묶음 포함되어 있는가?'를 묻는 것과 같지요. 이러한 문제는 똑같이 나눈 것 중 하나의 크기를 구하는 방법으로 해결할 수 없어요. 다음 그림과 같이 과자를 2개씩 묶어서 묶음의 개수를 구해야 하지요.

과자를 2개씩 3명에게 줄 수 있습니다.

그림에서 나타난 것처럼 6개의 과자를 2개씩 나누어 주면 3명에게 줄 수 있습니다. 이 문제는 다음과 같은 나눗셈 식으로 간단히 나타낼 수 있습니다.

$$6 \div 2 = 3$$

이 문제 역시 앞에서 살펴본 등분제와 똑같이 $6 \div 2 = 3$ 이라는 나눗셈 식으로 해결할 수 있었어요. 하지만 풀이 과정을 살펴보면 과자를 번갈아 나누어 주는 것이 아니라 6개에서 2개씩 묶어서 빼는 차이점이 있습니다.

3. 나눗셈 문제 상황 이해하기

등분제와 포함제를 구분하는 것은 나눗셈 문제의 상황을 이해하는 데 중요해요. 예를 들어, 1 ÷ 2의 문제 상황을 떠올려 볼까요? 사과 1개를 2명이 똑같이 나누어 갖는 등분제를 상상하면 문제가 이해되지만, 1에 2가 몇 번 포함되는가 하는 포함제로는 생각하기 어려워요.

$$1 \div 2 = \frac{1}{2}$$

한 사람이 받는 사과는 $\frac{1}{2}$개입니다. (등분제)

이번에는 $\frac{3}{4} \div \frac{1}{4}$의 문제 상황을 떠올려 봅시다. 우선, 등분제로 생각해 보아요. '사과 $\frac{3}{4}$조각을 $\frac{1}{4}$로 나누면 몇 조각이 되는가?'와 같이 말이에요. 다음으로 포함제 문제를 만들어 봅시다. '사과 $\frac{3}{4}$조각을 $\frac{1}{4}$조각씩 나누어 주면 몇 명에게 나누어 줄 수 있는가?'와 같이 만들 수 있겠지요? 두 문제 중 어떤 것이 문제의 상황을 이해하기 쉬웠나요? 사과 $\frac{3}{4}$조각을 $\frac{1}{4}$로 똑같이 나누는 상황은 언뜻 잘 이해되지 않지만 사과 $\frac{3}{4}$조각에 사과 $\frac{1}{4}$조각이 몇 번 들어가는지 세는 상황은 머릿속에 쉽게 그려집니다. 이처럼 나눗셈의 등분제, 포함제 상황을 이해하면 수학 문제의 의미를 더 잘 이해하게 되지요.

$$\frac{3}{4} \div \frac{1}{4} = 3$$

사과를 $\frac{1}{4}$ 조각씩 3명에게 줄 수 있습니다. (포함제)

③ 약수

약수는 어떤 수를 나누어떨어지게 하는 수를 의미합니다. 약수에 '묶다'라는 의미의 한자 약(約)을 사용하는 이유는, 나눗셈 중 똑같이 나누는 등분제가 아닌 묶어서 덜어 내는 포함제에서 약수의 개념이 나오기 때문입니다. 다음 그림을 살펴봅시다.

3개씩 묶기

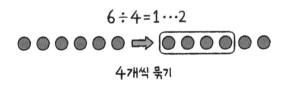

4개씩 묶기

6 ÷ 3 = 2에서 6을 3개씩 묶으면 나머지가 없습니다. 반면 6 ÷ 4 = 1…2에서 6을 4개씩 묶으면 나머지가 2이지요. 따라서 3은 6의 약수이고, 4는 6의 약수가 아닙니다. 이와 같이 약수는 어떤 정수를 똑같은 수로 묶었을 때 나머지가 없게 하는 수를 의미합니다. 예를 들어, 4의 약수로는 1, 2, 4가 있습니다.

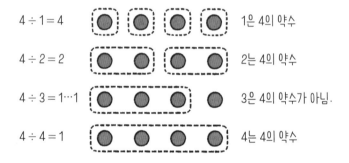

4 ÷ 1 = 4   1은 4의 약수

4 ÷ 2 = 2   2는 4의 약수

4 ÷ 3 = 1…1   3은 4의 약수가 아님.

4 ÷ 4 = 1   4는 4의 약수

1. 진약수

앞의 그림에서 보듯 4의 약수에 자기 자신인 4가 들어
가는 것은 너무도 당연합니다. 4뿐만 아니라 다른 수의
약수에도 자기 자신은 꼭 들어가지요. 6의 약수인 1, 2, 3,
6에는 6이 있습니다. 8의 약수인 1, 2, 4, 8에도 8이 있지
요. 따라서 자기 자신은 약수로서 큰 의미를 갖지 못합
니다. 모든 정수는 자기 자신을 약수로 가지니까요. 이때
의미 없는 약수인 **자기 자신을 뺀 나머지 약수를 진약수라고 합
니다.**

6의 약수: **1, 2, 3,** 6
8의 약수: **1, 2, 4,** 8
진약수

한 가지 더 짚고 넘어가야 할 것이 있어요. 약수의 정의
는 '어떤 정수를 나누어떨어지게 하는 정수'입니다. 그런
데 정수에는 음의 정수, 양의 정수, 0이 있습니다. 약수의
정의에 따라 음의 정수 역시 약수가 될 수 있습니다. 예를

들어 5의 약수는 1, 5, −1, −5가 됩니다. 하지만 이 책에서는 약수의 의미를 쉽게 전달하기 위해 양의 정수 범위에서만 약수를 설명하도록 하겠습니다.

2. 진약수로 묶은 수, 완전수와 친화수

자연수는 여러 가지 방법으로 다시 분류할 수 있어요. 예를 들어, 2로 나누어떨어지는가에 따라 짝수와 홀수로 구분하는 것처럼 말이에요. 여기서는 진약수를 이용해서 수를 분류하는 완전수와 친화수를 알아보려고 합니다. 이러한 수의 성질은 소수를 이해하는 데 도움이 되기도 하고, 정수의 특징을 연구하는 '대수학'이라는 분야의 토대가 되기도 합니다. 수학자들은 여전히 완전수와 친화수를 연구하고 있답니다.

완전수

우선 **완전수(perfect number)는 6과 같이 진약수들의 합이 다시 원래의 수가 되는 수를 의미합니다. 불완전수(imperfect number)는 진약수들의 합이 자기 자신이 나오지 않는 수이지요.** 불완전수는 다시 부족수와 과잉수로 구분할 수 있습니다. 부족수는 8처럼 진약수의 합이 자기 자신보다 작은 수, 과잉

수는 30처럼 진약수의 합이 자기 자신보다 큰 수를 나타
냅니다.

6의 진약수의 합: $1 + 2 + 3 = 6$ [완전수]
8의 진약수의 합: $1 + 2 + 4 = 7$ [불완전수, 부족수]
30의 진약수의 합: $1 + 2 + 3 + 5 + 6 + 10 + 15 = 42$
[불완전수, 과잉수]

고대 그리스의 수학자 니코마코스는 『산술 입문』이라는
책에서 완전수를 소개했는데, 이는 고대 그리스에서 6,
28, 496, 8128이라는 4개의 완전수를 알고 있었다는 것을
보여 줍니다. 이 네 수는 기원전 4세기의 그리스 수학자
유클리드가 쓴 수학책 『원론』에도 등장합니다.

$6 = 1 + 2 + 3$
$28 = 1 + 2 + 4 + 7 + 14$
$496 = 1 + 2 + 4 + 8 + 16 + 31 + 62 + 124 + 248$
$8128 = 1 + 2 + 4 + 8 + 16 + 32 + 64 + 127 + 254 +$
$508 + 1016 + 2032 + 4064$

이후 다섯 번째 완전수는 1456년에 이르러서야 발견됩니다. 독일 뮌헨에 있는 바이에른 주립 도서관에 소장된 중세 기록 자료에 33550336이라는 완전수가 적혀 있는데 누가 적었는지는 알 수 없습니다. 여섯 번째와 일곱 번째 완전수인 8589869056과 137438691328은 1588년에 이탈리아 수학자 피에트로 카탈디가, 여덟 번째 완전수인 2305843008139952128은 1772년 스위스 수학자 레온하르트 오일러가 발견합니다. 2018년 12월을 기준으로 완전수는 51개까지 발견되었습니다. 쉰한 번째 완전수는 무려 자릿수가 49724095나 되는 큰 수입니다.

놀라운 점은 51개의 완전수가 모두 짝수라는 점입니다. '홀수인 완전수가 존재하는가'라는 질문은 수학에서 가장 오래된 미해결 문제입니다. 그 누구도 '홀수 완전수가 있다, 또는 없다'를 수학적으로 증명하지 못한 것이지요.

친화수

다음으로 친화수(amicable numbers)를 알아볼까요? 친구수라고도 불리는 **친화수는 두 수가 서로의 진약수의 합이 되는 수들을 의미합니다.** 예를 들어, 230과 284는 친화수입니다.

220의 진약수의 합:

$$1 + 2 + 4 + 5 + 10 + 11 + 20 + 22 + 44 + 55 + 110 = 284$$

284의 진약수의 합:

$$1 + 2 + 4 + 71 + 142 = 220$$

피타고라스는 220과 284, 이렇게 한 쌍의 친화수를 발견했습니다. 두 번째 친화수 쌍인 1184와 1210은 1866년 당시 10대였던 이탈리아의 니콜로 파가니니가 찾아냈습니다. 이후 수학자들은 친화수를 찾을 수 있는 수학 공식을 만들었고, 컴퓨터를 이용해 분석한 결과 2020년 1월 기준 1225063681개 이상의 친화수가 발견되었답니다.

 정리하기 | **약수**

1. 나눗셈은 똑같이 가르는 계산 방법을 의미하며, 다양한 기호를 사용해 나타낼 수 있습니다.

2. 나눗셈은 등분제(똑같이 나누기)와 포함제(반복해서 빼기)로 구분하여 생각할 수 있습니다.

3. 약수는 어떤 정수를 나누어떨어지게 하는 수를 의미합니다.

4. 어떤 수의 약수 중 자기 자신을 뺀 약수를 그 수의 진약수라고 합니다.

쉬어 가기 | 도형으로 나타낸 수

고대 그리스 수학자 피타고라스와 그의 제자들로 이루어진 피타고라스 학파 역시 여러 가지 수의 특징을 연구한 것으로 유명해요. 천문학자 요하네스 케플러가 기하학에서의 두 가지 큰 보물은 바로 피타고라스의 정리와 황금비라고 말할 만큼 피타고라스는 수학의 발전에 있어 중요한 인물입니다. 하지만 피타고라스는 생전에 스스로를 수학자가 아닌 철학자라고 말했다고 합니다. 피타고라스는 자연은 수의 관계로 설명될 수 있고, 따라서 모든 것은 수로 계산될 수 있다고 생각했어요. "만물의 근본은 수이다."라는 유명한 말을 남기기도 했지요. 피타고라스는 수의 신비에 빠져 수의 여러 가지 속성에 대해 연구했고, 완전수, 친화수 등을 정의하기도 했습니다.

피타고라스와 그의 제자들은 도형과 자연수를 혼합하여 삼각수, 사각수 같은 숫자 배열을 만들기도 했습니다. 점을 삼각형 모양으로 나열할 때 나타나는 숫자들을 삼각수, 사각형 모양으로 나열할 때 나타나는 숫자들을 사각수라고 하지요.

<삼각수>

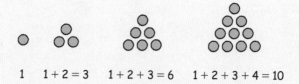

$$1 \qquad 1+2=3 \qquad 1+2+3=6 \qquad 1+2+3+4=10$$

<사각수>

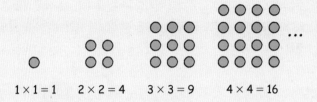

$1 \times 1 = 1 \qquad 2 \times 2 = 4 \qquad 3 \times 3 = 9 \qquad 4 \times 4 = 16$

삼각수, 사각수뿐만 아니라 오각수, 육각수와 같이 도형 모양으로 배열한 점의 수를 도형수라고 합니다. 많은 수학자들은 도형수를 공식으로 표현하고 이 공식을 이용해 수의 다양한 속성을 연구하고 있답니다. 예를 들어, 수학자 조제프 루이 라그랑주는 1770년 "모든 자연수는 최대 4개의 사각수의 합으로 나타낼 수 있다."라는 것을 증명하였습니다.

삼각수, 사각수와 같은 도형수는 볼링 핀, 당구공, 타일이나 체스판 등 우리 실생활에서도 볼 수 있지요.

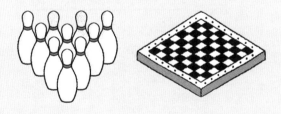

도형수는 평면도형뿐 아니라 입체도형에서도 나타납니다. 예를 들어, 다

음처럼 물체를 피라미드 모양으로 쌓기 위해 필요한 물건의 개수도 도형수입니다. 이를 피라미드 수라고 하지요. 수가 늘어나는 공식을 만들 수 있다면 피라미드 모양으로 물건을 쌓을 때 필요한 물건의 개수를 쉽게 구할 수 있겠지요?

참고로 r각형 모양의 피라미드를 n층으로 쌓을 때 필요한 물건의 개수를 구하는 공식은 다음과 같아요.

$$P_n^r = \frac{3n^2 + n^3(r-2) - n(r-5)}{6}$$

$$r \in N, \quad r \geq 3.$$

2부

소수,
바탕이 되는 수

우리가 매일 마시는 물은 어떤 성분으로 이루어져 있을까요? 물은 수소 원소 2개와 산소 원소 1개가 만나 만들어집니다. 과학자들은 물의 성분을 분석하는 것처럼 우리 생활 속 모든 물질들이 무엇으로 이루어져 있는지를 연구하고, 이를 이용해 새로운 물질을 만듭니다. 갑자기 왜 원소 이야기냐고요? 수학자들도 과학자들과 비슷하게 수가 어떤 성분으로 이루어져 있는지를 연구하거든요. 과학자들이 물질을 구성하는 '원소'를 찾으려 노력하는 것처럼 수학자들은 수를 구성하는 '소수'가 무엇인지를 분석합니다. 수를 구성하는 원소인 소수의 세계로 떠나 볼까요?

❶ 소수

    소수(素數)는 '희다'라는 뜻의 한자 소(素)를 사용하며 바탕이 되는 수 혹은 근원이 되는 수라는 의미를 가지고 있다고 앞에서 이야기했습니다. 소수가 왜 바탕이 되는 수인지 차근차근 설명해 보겠습니다. 우선 소수를 어떻게 정의하는지 알아봅시다.

1. 소수와 합성수

소수는 자연수 중에서 약수가 1과 자기 자신만 있는 수입니다.
예를 들어, 1부터 9까지 수의 약수를 정리한 표를 살펴볼
까요? 1부터 9까지의 수 중에서 약수가 2개인 소수는 2,
3, 5, 7입니다. 1은 약수가 1 하나밖에 없으니 소수라고 할
수 없습니다.

자연수	약수	
1	1	
2	1, 2	소수
3	1, 3	소수
4	1, 2, 4	
5	1, 5	소수
6	1, 2, 3, 6	
7	1, 7	소수
8	1, 2, 4, 8	
9	1, 3, 9	

소수와 달리 **약수가 3개 이상인 수를 합성수(合成數)라고 합니다.** 합성수는 약수를 여럿이 합(合)해 만든 수라는 의미를 가지고 있습니다. 따라서 자연수는 약수를 기준으로 소수도 합성수도 아닌 수 1, 약수가 2개인 소수, 약수가 3개 이상인 합성수로 다시 구분할 수 있습니다.

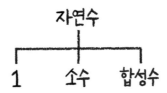

앞에서 자연수의 성질을 이야기할 때 우리는 '1씩 커진다' 또는 '1씩 작아진다'라고밖에 말할 수 없었어요. 그런데 소수를 약속하면 자연수의 새로운 성질을 정의할 수 있게 돼요. 다음과 같이 말이에요.

[자연수의 성질] 1을 제외한 모든 자연수는 소수들의 곱으로 쓸 수 있다. 이때 소수들의 곱을 나타내는 방법은 한 가지이다.

예를 들어 볼까요? 자연수 4는 소수인 2와 2의 곱으로 나타낼 수 있습니다. 자연수 6은 소수인 2와 3의 곱으로 나타낼 수 있지요.

$$4 = 2 \times 2$$
$$6 = 2 \times 3$$

앞에서 우리는 1은 약수가 하나이기 때문에 소수에서 제외한다고 했습니다. 그런데 과거에는 1을 소수에 포함시키기도 했습니다. 1도 1과 자기 자신만을 약수로 갖는 수이기 때문입니다. 1을 소수에서 제외한 수학자는 오일러입니다. 1을 제외한 이유는 1을 소수에 포함시켰을 경우 자연수를 구성하는 소수들의 곱을 나타내는 방법은 단한 가지라는 자연수의 성질이 성립하지 않기 때문입니다.

예를 들면, 2 × 3은 6을 구성하는 소수들의 곱입니다. 만약 1을 '소수'라고 한다면 6은 1 × 2 × 3, 1 × 1 × 2 × 3, 1 × 1 × 1 × 2 × 3 등 수많은 소수들의 곱으로 나타낼 수 있지요. 그렇기 때문에 1은 소수에서 제외하게 된 것입니다.

2. 수 체계의 원소, 소수

소수는 수 체계에 있어서 '원소'와 같답니다. 소수를 영어로 팩터(factor)라고 하고 원소는 엘리먼트(element)라고 하는데, factor와 element는 모두 '요인'이라는 뜻을 가진 단어입니다. 과학에서 원소는 모든 물질을 구성하는 기본적인 요소로 더 이상 분리할 수 없는 순수한 물질을 의미합니다. 예를 들어 원소에는 다리 등 철근 구조물을 만드는 데 사용되는 철(Fe), 건전지의 원료가 되는 리튬(Li) 등이 있지요.

원소들을 어떻게 조합하는가에 따라 다양한 분자를 만들 수 있습니다. 분자는 물질이 가진 성질을 잃지 않고 나누어질 수 있는 가장 작은 입자를 뜻해요. 예를 들면, 원소인 수소와 산소가 결합하면 물 분자가 됩니다. 물 분자는 수소 원소 2개와 산소 원소 1개로 이루어진 것이에요. 이때 물 분자는 물의 성질을 그대로 갖고 있지만, 수소와 산소로 나뉘면 물의 성질을 잃어버리지요.

원소는 같은 원소끼리, 혹은 다른 원소와 결합하여 여러 가지 분자가 됩니다. 예를 들어, 우리가 숨 쉬는 데 필요한 물질인 산소는 공기 중에서 산소 원소 2개가 결합한 형태(O_2)로 존재합니다. 산소 원소가 3개 결합하면 오존(O_3)이 됩니다. 오존은 대기 중에서 태양으로부터 오는 해로운 자외선을 차단하여 지구 생물을 보호하는 이로운 역할을 하지요. 반면 수소 원소 2개와 산소 원소 1개가 결합하면 우리가 마시는 물(H_2O)이, 산소 원소 2개와 탄소 원소 1개가 결합하면 이산화탄소(CO_2)가 만들어지지요.

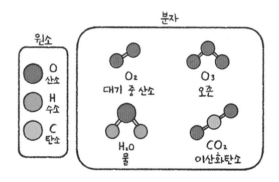

원소를 다양하게 결합하여 새로운 물질을 만들어 내듯 곱셈을 이용해 소수를 여러 가지 방법으로 연결하면 다양한 수를 만들 수

있습니다. 예를 들어, 소수 2로는 2끼리 곱하거나 다른 소수와의 곱을 통해 다음과 같이 여러 가지 합성수를 만들 수 있습니다. 앞에서 살펴본 원소와 분자 그림에서 소수를 원소로, 합성수를 분자로 가정해 보면 다음 그림처럼 수가 만들어지는 과정을 상상할 수 있어요.

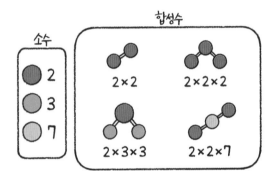

수학자들은 원소에 대해 이해하면 물질의 속성을 알 수 있듯이 소수에 대해 이해하면 수의 속성을 더 잘 이해할 수 있을 거라고 생각합니다. 그래서 소수를 모든 수의 '바탕이 되는 수'라고 표현한 것이지요.

소수를 원소로, 합성수를 분자로 생각해서 수가 만들어지는 과정을 알아보았습니다. 그런데 숫자 4가 소수 2를 두 번 곱해 만들어진다는 것이 왜 중요할까요?

소수를 이용해 어떤 수를 수학적으로 분석하는 것은 수학의 발전에서 중요한 부분을 차지합니다. 예를 들어, 제곱근을 계산할 때도 소수의 개념이 유용하게 사용됩니다. 같은 수를 반복해서 곱할 때 지수를 이용하면 간단히 나타낼 수 있습니다. 지수는 곱해지는 횟수를, 밑은 반복해서 곱해지는 수를 의미하지요.

$$2 \times 2 \times 2$$
$$\rightarrow 2를\ 3번\ 곱함$$
$$\rightarrow 2^3$$

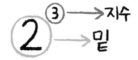

소수 2를 반복해서 곱해 숫자 4를 간단하게 나타낼 때 다음과 같이 지수를 이용할 수 있습니다.

$$4 = 2 \times 2 = 2^2$$

반면, □ × □ = 4처럼 같은 수를 2번 곱해 4가 되게 하는 수를 찾을 때 루트를 이용합니다. 같은 수 □를 2번 곱해 4가 될 때, □를 4의 제곱근이라고 합니다. 4는 2 × 2, 즉 2^2이므로 □는 2가 됩니다.

$$□ \times □ = 4$$
$$□ = \sqrt{4}$$
$$□ = \sqrt{2^2}$$
$$□ = 2$$

이처럼 4가 소수 2의 제곱으로 나타낼 수 있다는 것을 아는 것은 4의 제곱근을 찾는 계산에서 유용하게 사용됩니다. 이 외의 활용법은 잠시 후 알아보도록 해요.

소수를 이해하고 찾기 위한 노력은 아주 오래전부터 있었습니다. 소수에 대한 최초의 기록은 기원전 1550년경에 제작된 것으로 추측되는 고대 이집트 문서 『린드 파피루스』에서 찾을 수 있습니다. 소수에 대한 언급은 없지만 $\frac{1}{3}$, $\frac{1}{5}$과 같이 분모가 소수인 분수들이 별도로 적혀 있는 것을 볼 수 있습니다.

2

소수 찾기

1. 무한한 소수

수학자들의 소수 찾기에 대해 알아보기 전에 먼저 짚고 넘어가야 할 것이 있습니다. 바로 소수의 개수가 몇 개인지를 확인하는 것이지요. 소수의 개수가 정해져 있다면 일일이 확인하면 되지만, 소수의 개수가 정해져 있지 않다면 무한한 소수를 찾아내는 새로운 방법이 필요하니까요.

예를 들어, 1부터 10까지의 수 중 짝수를 찾을 때에는 1부터 10까지의 수를 각각 바둑돌로 늘어놓은 후 바둑돌을 2개씩 묶어 세어 보고 나머지가 있는지 없는지를 확인하면 됩니다. 나머지가 있으면 홀수, 나머지가 없으면 짝수입니다. 바둑돌 7개에서 2개씩 3번 빼면 하나가 남으므로 7은 홀수입니다. 그러나 자연수가 무한하듯 짝수 또한 무한하기 때문에 모든 자연수를 일일이 2로 나누는 것은 불가능합니다. 따라서 짝수를 표현할 수 있는 방법을 수학적으로 고민해야 하지요.

소수의 개수가 정해져 있는지, 아니면 자연수처럼 끝이 없는지를 연구한 수학자는 유클리드입니다. 유클리드는 『원론』에서 소수와 합성수를 정의했을 뿐 아니라 다음과 같이 한 줄로 간단히 "소수는 무한히 많다."라는 사실을 최초로 증명했습니다.

$$\forall p' \in S\left(p' \chi \left(\prod_{p \in S} p + 1\right)\right), \exists p'$$

이 식의 의미는 다음과 같습니다. 여러 개의 소수가 있을 때, 이 소수들의 공통인 배수가 있다고 생각해 봅시다.

배수(倍數)는 배가 되는 수를 뜻합니다. 예를 들어, 3의 배수는 3, 6, 9, 12… 등이 있지요.

이때, 2개 이상의 수가 공통으로 가지는 배수를 공배수(公倍數)라고 합니다. 예를 들어, 6은 소수 2의 배수이자 소수 3의 배수이므로 2와 3의 공배수입니다. 자연수가 무한하므로 자연수의 곱인 공배수도 무한하겠지요? 2와 3의 공배수는 6, 12, 18, 24…로 무한합니다.

소수가 무한하다는 유클리드의 증명은 이 공배수를 이용한 것입니다. 유클리드는 소수의 공배수에 1을 더한 수는 소수가 된다는 것을 생각해 냈습니다. 예를 들어, 6은 2와 3으로 나누어떨어지므로 합성수이지만, 6 + 1인 7은 소수인 2, 3으로 나누어떨어지지 않으므로 소수가 됩니다. **소수들의 공배수로 나타낼 수 있는 합성수가 무한하므로 이 수에 1을 더한 수, 즉 새로운 소수도 무한하다는 것을 알 수 있습니다.**

이제 소수가 무한하다는 가정을 토대로 수학자들이 어떻게 소수를 찾았는지 알아봅시다.

2. 에라토스테네스의 체

분자를 분석하기 위해 원소를 찾는 것과 같이 소수를 찾는 것은 수의 구조를 이해하는 기본이 됩니다. 그렇다면 소수를 어떻게 찾을 수 있을까요? 짝수와 홀수는 무한하지만 언제, 어떻게 나타나는지 쉽게 예측할 수 있습니다. 2, 4, 6, 8… 등의 짝수와 1, 3, 5, 7… 등의 홀수는 서로 번갈아 나타나니까요. 하지만 소수는 이러한 규칙이 없습니다. 따라서 소수를 찾기 위한 수학자들의 노력은 오랜 기간 이어져 왔습니다.

'에라토스테네스의 체'는 소수를 찾는 가장 오래된 방법이지만 여전히 사용되고 있는 방법입니다. 고대 그리스의 철학자 에라토스테네스가 고안했다고 해서 에라토스테네스의 체라고 해요. 에라토스테네스는 알렉산드리아 도서관의 연구소인 무세이온을 관리하던 학자였고 지도와 지리학에 관심이 많았습니다. 그는 꽤 정확하게 지구의 둘레를 계산해 낸 것으로도 알려져 있지요. '체'는 쌀에서 돌멩이를 걸러 내듯 무언가를 거르는 데 사용되는

도구입니다. **에라토스테네스가 고안한 소수를 찾는 방법이 마치 체로 소수를 걸러 내는 것 같다고 해서 '에라토스테네스의 체'라는 이름이 붙었지요.**

에라토스테네스의 체를 사용하는 방법을 알아볼까요? 우선 자연수를 순서대로 적습니다. 소수가 아닌 수 1을 제일 먼저 지웁니다. 그다음 숫자인 2는 소수입니다. 따라서

2를 제외한 2의 배수들을 지웁니다. 2의 배수들은 1과 자기 자신 외에 2를 약수로 갖기 때문에 소수가 될 수 없지요. 같은 방법으로 소수 3을 제외한 3의 배수를 지웁니다. 이와 같은 방법을 반복하다 보면 그 숫자의 차례가 될 때까지 지워지지 않는 수가 있는데 이러한 수들이 소수입니다.

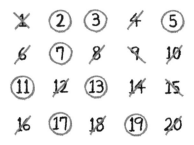

에라토스테네스의 체를 이용해 큰 소수를 찾는 노력은 계속되고 있습니다. 2014년 17425170자리의 소수가 발견되기도 했지요. 2를 74207281번 제곱한 후 1을 뺀 수였답니다. 이와 같은 큰 소수는 에라토스테네스의 체를 프로그래밍한 컴퓨터를 이용해 찾을 수 있었습니다.

그런데 컴퓨터를 이용해도 큰 소수를 찾는 것은 쉬운 일이 아닙니다. 컴퓨터가 소수를 찾는 계산 과정도 시간이 필요하기 때문이지요. 현재의 컴퓨터 사양에서는 오랜 시간 프로그램을 실행해도 새로운 소수를 찾기 어렵답니다. '인터넷 메르센 소수 찾기'(Great Internet Mersenne Prime Search, GIMPS)를 비롯한 많은 연구 단체에서 무료로 소수 찾는 프로그램을 제공하고, 새로운 소수를 발견하는 데 큰 액수의 상금을 제시하기도 했지요. 그래서 지금도 수많은 수학자들이 지금까지 발견된 소수보다 더 큰 소수를 찾기 위해 노력하고 있어요.

3. 메르센 소수

소수를 찾는 다른 방법은 없을까요? 많은 수학자들은 2, 3, 5, 7, 11…과 같은 소수들을 살펴보다 한 가지 규칙을 발견했습니다. 바로 소수들이 $2^n - 1$의 형태로 나타나고 여기에서 n도 소수라는 것이지요.

$$3 = 2^2 - 1$$
$$7 = 2^3 - 1$$
$$31 = 2^5 - 1$$

17세기 프랑스 수학자 마랭 메르센은 1644년 $2^n - 1$이 소수가 되게 하는 소수 n의 값을 정리하였습니다. 이 수는 다음과 같지요.

$$n = 2, 3, 5, 7, 13, 17, 19, 31, 67, 127, 257$$

메르센이 이와 같이 정리한 이후로 $2^n - 1$로 나타낼 수 있는 소수를 '메르센 소수'라고 합니다. 메르센 이전에도 식

$2^n - 1$을 이용해 소수를 찾으려는 노력은 있었지만 n에 2부터 257까지 차례대로 넣어 소수인지 검토해 책으로 정리한 것은 메르센이 처음이었습니다.

하지만 이 수들 중 n이 67과 257일 때는 소수가 아니며, n이 61, 89, 107일 때는 소수라는 것이 여러 수학자들에 의해 밝혀졌습니다. 258 이하의 수들에 대해 n이 소수일 때 $2^n - 1$이 소수가 되는 n의 값은 다음과 같습니다.

$$n = 2, 3, 5, 7, 13, 17, 19, 31, 61, 89, 107, 127$$

메르센 소수를 이용할 경우 에라토스테네스의 체처럼 모든 소수를 찾아낼 수는 없습니다. 하지만 큰 소수를 찾을 수 있다는 장점이 있지요. 또 공식을 이용할 수도 있어요. $2^n - 1$의 n에 소수를 넣은 후 $2^n - 1$이 소수가 되는지 확인만 하면 되니까요. 최근에는 컴퓨터를 이용하여 아주 큰 메르센 소수를 찾기도 합니다. 2021년 1월 기준으로 가장 큰 메르센 소수는 n에 쉰한 번째 소수인 82589933을 넣은 메르센 소수로 자리수가 24862048인 큰 수랍니다.

4. 소수가 나타나는 규칙, 가우스의 정리

시간이 오래 걸리는 에라토스테네스의 체나 수학적으로 계속 점검해 보아야 하는 메르센 소수 외에 또 소수를 찾는 방법은 없을까요? 수학자들은 소수가 나타나는 규칙을 알 수 있다면 소수 찾기가 좀 더 쉬워질 것이라고 생각했습니다. 소수가 나타나는 규칙을 찾기 위해 우선 에라토스테네스의 체를 이용하여 표를 만들어 소수가 나타나는 모양을 관찰해 봅시다.

1	2	3	4	5	6	7	8	9	10
11	12	13	14	15	16	17	18	19	20
21	22	23	24	25	26	27	28	29	30
31	32	33	34	35	36	37	38	39	40
41	42	43	44	45	46	47	48	49	50
51	52	53	54	55	56	57	58	59	60
61	62	63	64	65	66	67	68	69	70
71	72	73	74	75	76	77	78	79	80
81	82	83	84	85	86	87	88	89	90
91	92	93	94	95	96	97	98	99	100

표를 보고 어떤 규칙을 찾을 수 있었나요? 특별한 법칙은 없지만 **숫자가 작을수록 소수가 더 자주 나타나고 숫자가 커질수록 소수가 적게 나타나는 것이 보입니다.** 수학자들은 이런 현상에 주목했답니다.

자연수 범위	소수의 개수	소수의 비율
1~100	25	0.25
1~1000	168	0.168
1~10000	1229	0.122
1~100000	9592	0.095
1~1000000	78498	0.078
1~10000000	664579	0.066

앞의 표는 각 범위별로 소수의 개수와 소수의 비율을 표로 나타낸 것입니다. 비율을 비교해 보면 자연수의 범위가 더 커짐에 따라 소수의 밀도는 점점 낮아지는 것을 알 수 있습니다. 즉, 자연수가 점점 커질수록 소수는 더 적게 나타나는 것이지요.

19세기 독일의 천재 수학자 카를 프리드리히 가우스는 이러한 사실을 10대에 깨닫고 이를 수학적으로 정리하려고 했어요. 그리고 이것을 다음과 같이 그래프로 나타내 보았지요.

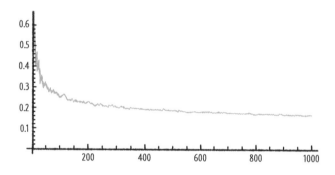

그래프를 자세히 살펴보면 처음에는 굴곡이 심하다가 수가 점점 커짐에 따라 매끄러운 선이 되어 가는 것을 확인할 수 있어요. 가우스는 직접 계산하고 관찰하면서 **자연수가 커질수록 소수가 나타나는 비율은 0에 가까워진다는 가설을 세웠어요.** 이를 '가우스의 정리'라고 하는데, 가우스는 그렇게 추측을 했을 뿐 수학적으로 이를 증명하지는 못했답니다.

5. 리만 가설

    1859년 가우스의 제자인 베른하르트 리만은 「주어진 수보다 작은 소수의 개수에 관하여」라는 논문에서 가우스가 생각해 낸 소수의 그래프를 다음과 같이 식으로 표현합니다. 리만의 연구를 이해하기 위해서는 전문적인 수학 지식이 필요하므로 이 책에서는 설명하지 않을게요. 다만, 리만의 연구는 소수를 더 빠르고 정확하게 찾는 데 큰 역할을 하는 내용을 담고 있습니다.

$$Li\left(N\right) = \int_0^N \frac{1}{\log x} dx$$

정리하기 | **소수**

1. 소수는 자연수 중에서 약수가 1과 자기 자신인 수입니다. 이때, 1은 제외합니다.

    예 2, 3, 5, 7…

2. 합성수는 약수가 3개 이상인 수입니다.

    예 4, 6, 8, 9, 10…

3. 에라토스테네스의 체는 각 수의 배수들을 지워 가며 소수를 찾는 방법입니다. 1부터 자연수를 계속 쓴 후 소수인 2를 제외한 2의 배수들을 지웁니다. 같은 방법으로 계속했을 때 남아 있는 수가 소수입니다.

리만은 「주어진 수보다 작은 소수의 개수에 관하여」라는 논문에 리만 가설에 대해 다음과 같이 썼습니다.

"이에 대한 엄밀한 증명이 있으면 좋겠지만, 다음 연구를 위해 불필요하므로 나는 잠시 덮어 두기로 결정하였다."

리만은 그가 사용한 가설이 수학적으로 증명할 정도로 중요하지는 않다고 생각했어요. 그러나 다른 수학자들은 리만의 가설이 증명되지 않는다면 리만의 소수 연구를 인정할 수 없다고 했지요. 하지만 리만이 41세의 젊은 나이로 사망한 후 연구 자료들이 제대로 보관되지 않아 이 가설에 대한 증거나 리만의 관련 연구를 확인할 길이 없게 되었다고 합니다.

이후 1900년 제1차 수학자 대회에서 독일 수학자 다비트 힐베르트는 20세기에 수학자들이 해결해야 할, 수학 역사상 풀리지 않는 어려운 문제 중 하나로 리만의 가설을 포함시켰습니다. 문제를 발표하면서 힐베르트는 다음과 같이 이야기했습니다.

"만약 내가 1000년 동안 잠들어 있다가 깨어난다면 제일 먼저 이렇게 물을 겁니다. 리만의 가설은 증명되었습니까?"

다시 100년이 지나 2000년에 리만 가설은 미국 클레이 수학 연구소가 선정한 이른바 '밀레니엄 문제―7대 수학 난제' 중의 하나로 채택되기도 했어요. 미국의 부유한 사업가 랜던 클레이와 수학 교수들이 수학의 발전과 대중화를 위해 설립한 클레이 수학 연구소는 수학 분야의 중요한 미해결 문제 7개를 선정하면서 그 해결에 각각 100만 달러씩의 상금을 걸었답니다. 리만의 가설은 그만큼 많은 수학자들이 궁금해하고 증명하고 싶어 하는 문제랍니다. 오랫동안 수많은 수학자가 그토록 찾고자 했던 소수의 규칙을 여는 열쇠니까요.

3부

소인수분해

우리가 살아가는 세상을 구성하는 다양한 물질들의 특성을 이해하기 위해서는 물질이 어떤 원소로 이루어져 있는지 분석하는 것이 중요합니다. 마찬가지로 수의 특성을 이해하기 위해 수가 어떤 소수들로 구성되어 있는지 알아내야 하지요. 이 과정을 소인수분해라고 합니다. 소인수분해의 방법과 그 활용에 대해 알아봅시다.

소인수분해

18을 두 수 이상의 곱으로 나타내 봅시다.

$$1 \times 18 = 18$$
$$2 \times 9 = 18$$
$$3 \times 6 = 18$$
$$2 \times 3 \times 3 = 18$$

18은 $2 \times 3 \times 3$과 같이 소수들의 곱으로 나타낼 수도 있고 2×9, 3×6과 같이 합성수의 곱으로도 표현할 수 있지요. 이처럼 **곱해서 어떤 수를 이루는 수들을 그 수의 인수라고 합니다. 인수(因數)는 원인이 되는 수라는 뜻이지요.**

18의 인수로는 1, 2, 3, 6, 9, 18이 있습니다. 그런데 1, 2,

3, 6, 9, 18은 18의 약수이기도 합니다. **어떤 수의 인수와 약수가 같은 이유는 곱셈과 나눗셈이 역연산 관계이기 때문입니다.** 역연산(逆演算)이란 계산한 결과를 계산하기 전의 값으로 되돌아가게 하는 연산을 의미합니다. 예를 들어, 3에 6을 곱하면 18입니다. 18을 다시 3으로 되돌아가게 하려면 18을 6으로 나누어야 합니다. 따라서 두 수의 곱으로 만들어지는 수는 다시 그 두 수로 나누어떨어지지요.

$$1 \times 18 = 18 \longleftrightarrow 18 \div 18 = 1 \quad 18 \div 1 = 18$$

18의 인수

$$2 \times 9 = 18 \longleftrightarrow 18 \div 9 = 2 \quad 18 \div 2 = 9$$

18의 인수

$$3 \times 6 = 18 \longleftrightarrow 18 \div 6 = 3 \quad 18 \div 3 = 6$$

18의 인수   18의 약수

어떤 수의 인수와 약수가 같더라도 인수는 어떤 수를 이루는 곱셈을 중심으로 수를 설명할 때, 약수는 어떤 수를 나누어떨어지게 하는 나눗셈을 중심으로 수를 설명할 때 사용하는 용어입니다.

1. 소인수분해

어떤 수를 인수들의 곱으로 나타내는 방법은 여러 가지가 있지만 **소수들만의 곱으로 나타내는 방법은 딱 한 가지밖에 없습니다.** 앞에서 정수의 성질에 대해 이야기한 것이 기억나지요?

> **[자연수의 성질]** 1을 제외한 모든 자연수는 소수들의 곱으로 쓸 수 있다. 이때 소수들의 곱을 나타내는 방법은 한 가지이다.

18이라는 수를 생각해 볼까요? 18을 인수들의 곱으로 나타내는 법은 여러 가지입니다. 그러나 소수들의 곱으로 나타내는 경우는 $2 \times 3 \times 3$뿐이지요. 여기서 2와 3처럼 인수 중에 소수인 수를 소인수(素因數)라고 합니다. 그리고 **어떤 수를 인수들의 곱으로 나타낼 때, 소인수만을 사용해서 표현하는 것을 소인수분해라고 하지요.**

$$\boxed{2 \times 3 \times 3 = 18}$$ 소인수분해: 소수로만 18의 인수를 나타냄.

18의 인수

18의 경우, 2 × 3 × 3이 18의 소인수분해입니다. 이때 같은 수를 여러 번 사용해도 괜찮습니다. 즉, 자연수는 다양한 인수의 곱으로 나타낼 수 있고, 한 가지 방법의 소수의 곱으로도 표현할 수 있습니다.

소수가 아닌 인수는 다시 소수의 곱으로 쓸 수 있습니다. 예를 들어, 60의 인수는 다음과 같습니다.

$$60 = 60 \times 1$$
$$60 = 30 \times 2$$
$$60 = 20 \times 3$$
$$60 = 15 \times 4$$
$$60 = 12 \times 5$$
$$60 = 10 \times 6$$

→ 60의 인수: 1, 2, 3, 4, 5, 6, 10, 12, 15, 20, 30, 60

60의 인수 중 소수가 아닌 인수 4, 6, 10, 12, 15, 20, 30,

60은 다시 소수의 곱으로 쓸 수 있습니다. 예를 들어, 6은 2 × 3으로, 10은 2 × 5로 쓸 수 있지요.

$$60의\ 인수\ 6 = 2 \times 3$$
$$60의\ 인수\ 10 = 2 \times 5$$
$$60의\ 인수\ 15 = 3 \times 5$$
$$\vdots$$

2. 약수를 이용해 소인수분해하기

그렇다면 어떻게 하면 소인수분해를 쉽게 할 수 있을까요? 어떤 수의 약수와 인수는 같기 때문에 이를 이용하면 소인수를 쉽게 찾을 수 있습니다. **어떤 수의 소인수를 찾을 때 소수인 약수로 계속 어떤 수를 나누면 되지요.**

소인수분해를 할 때)̲ 를 사용하면 편리합니다.)̲ 는 나눗셈을 세로로 계산할 때 사용하는 ⌐̄ 를 뒤집은 모양입니다. 나눗셈에서는 몫을 ⌐̄ 위에 쓰지만 소인수분해에서는 몫을)̲ 아래 적습니다. 나눗셈의 목적은 어떤 수를 나누었을 때 몫과 나머지를 찾는 것에 있는 반면, 소인수분해는 소인수를 찾는 데 그 목적이 있습니다. 따라서 몫을 계속 나누어 인수를 찾기 위해 몫을)̲ 아래 적는 것이지요.

| 나눗셈 | 소인수분해 |

$45 \Rightarrow$ 몫
$2\overline{)90}$

$2\overline{)90}$
$45 \Rightarrow$ 몫

$\overline{)}$를 이용해 소인수를 찾을 때에는 어떤 수를 소수로 계속 나누면 됩니다. 이때 나누는 소수는 가장 작은 소수인 2부터 시작하는 것이 편리하지만, 큰 소수로 나누기를 시작해도 결과는 같습니다. 예를 들어, $\overline{)}$를 이용해 90을 소인수분해해 볼까요?

$2\overline{)90}$ 90을 가장 작은 소수인 2로 나눕니다.

$3\overline{)45}$ 90을 2로 나누면 45가 됩니다. 45를 소수 2로 나누면 나누어떨어지지 않으므로 다음 소수인 3으로 나눕니다.

$3\overline{)15}$ 45를 3으로 나누면 15가 됩니다. 15를 소수 3으로 나눕니다.

5 15를 3으로 나누면 5가 됩니다. 5는 소수이므로 더 이상 나누지 않습니다.

위 계산에서 2, 3, 5가 90의 소인수이고, 90을 소인수분해하면 다음과 같이 나타낼 수 있습니다.

$$90 = 2 \times 3 \times 3 \times 5$$
$$90 = 2 \times 3^2 \times 5$$

이때, 3을 2번 곱했으므로 3^2으로 바꾸어 쓸 수 있습니다. 90을 소인수분해하여 $2 \times 3^2 \times 5$로 나타내어 보니 90의 인수를 한눈에 쉽게 알아볼 수 있습니다. 또 $3^2 \times 5$의 2배, 2×3^2의 5배 등 90이라는 수의 특성을 이야기하기에도 좋습니다.

$$90 = 2 \times 3^2 \times 5 \longrightarrow 90은\ 45(3^2 \times 5)의\ 2배$$
$$90 = 2 \times 3^2 \times 5 \longrightarrow 90은\ 18(2 \times 3^2)의\ 5배$$

소인수분해와 약수

약수를 이용해 소인수분해하는 방법을 알아보았습니다. 그런데 이를 거꾸로 하여 소인수분해를 이용해 약수를 찾을 수도 있답니다. 물론 소수가 아닌 약수도 포함해서요. 왜 약수를 구해야 하냐고요? 약수를 구하는 것은 잠시 후에 살펴볼 분수의 약분과 통분 등 여러 가지 계산을 쉽게 할 수 있도록 도와주기 때문이지요.

특히 소인수분해를 이용하면 수를 일일이 나누어 보지 않아도 쉽게 모든 약수를 구할 수 있습니다. 예를 들어, 72의 약수를 구해 볼까요? 소인수분해를 사용하지 않는다면 구구단을 중심으로 곱셈을 이용해 약수를 구할 수밖에 없습니다. 일단 곱해서 72가 되는 두 수를 생각하면 1과

72, 8과 9가 있습니다. 따라서 1, 72, 8, 9는 72의 약수입니다. 그런데 8은 2와 4의 곱으로 나타낼 수 있지요. 따라서 2, 4 역시 72의 약수가 됩니다. 이러한 방법으로 곱해서 72가 되는 수들을 찾아나가면 1, 2, 3, 4, 6, 8, 9, 12, 18, 24, 36, 72라는 12개의 약수를 찾을 수 있습니다.

수가 작으면 곱셈을 이용해 약수를 찾는 것이 그다지 어렵지 않겠지만 큰 수의 약수를 전부 찾는 것은 쉬운 일이 아닙니다. 이때 **소인수분해를 이용하면 전체 약수를 더 간단하게 찾을 수 있습니다. 그리고 약수를 빼먹지 않고 모두 찾는 데에도 소인수분해가 유용하지요.**

72를 소인수분해하면 다음과 같습니다.

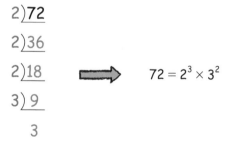

72의 소인수분해를 거듭제곱을 이용해 나타내면 $2^3 \times 3^2$와 같습니다. 이를 이용해 72의 약수를 찾는 방법은 2와 3의 지수가 0이 될 때까지 하나씩 낮춰 가며 곱셈식을 만들어 보는 거예요. 다음과 같이 말이에요.

$72 = 2^3 \times 3^2$ 72의 약수 2^3, 3^2
⬇
$72 = 2^2 \times 2 \times 3^2$ 72의 약수 2^2, 2×3^2
⬇
$72 = 2^1 \times 2 \times 2 \times 3^2$ 72의 약수 2^1, $2 \times 2 \times 3^2$
⬇
$72 = 2^0 \times 2 \times 2 \times 2 \times 3$ 72의 약수 2^0, $2 \times 2 \times 2 \times 3$

$72 = 2^3 \times 3^2$ 72의 약수 2^3, 3^2
⬇
$72 = 2^3 \times 3 \times 3^1$ 72의 약수 $2^3 \times 3$, 3^1
⬇
$72 = 2^3 \times 3 \times 3 \times 3^0$ 72의 약수 $2^3 \times 3 \times 3$, 3^0

72의 약수 ⟶ 1, 2, 3, 4, 6, 8, 9, 12, 18, 24, 36, 72

지수의 숫자를 1씩 빼면서 약수를 찾는 과정에서 나오는 곱셈식을 계산하는 것은 꽤 번거롭습니다. 이때 약수는 나누어떨어지게 하는 수라는 것을 이용하면 많은 곱셈

식을 계산할 필요는 없습니다. 예를 들어 72의 약수에는 2^2과 2×3^2이 있습니다. 2^2은 4라는 것을 쉽게 알 수 있지요. 이때 2×3^2은 계산할 필요 없이 72를 4로 나눈 몫과 같습니다. 4에 2×3^2을 곱한 값이 72이기 때문이지요. 즉 2×3^2은 72÷4의 몫인 18입니다.

이와 같이 72의 약수를 찾는 방법을 표로 나타내면 다음과 같습니다. 표의 가로에는 2^3의 약수를 적습니다. 지수의 숫자를 1씩 빼는 방법으로 2^3의 약수를 찾으면 2^3의 약수는 $2^0, 2^1, 2^2, 2^3$이 됩니다. 이때, 2^0은 지수를 약속하는 방법에 따라 1과 같습니다. 표의 세로에는 3^2의 약수를 적습니다. 3^2의 약수는 $3^0, 3^1, 3^2$입니다. 이제 72를 소인수분해한 $2^3 \times 3^2$에서 지수의 숫자를 1씩 빼면서 곱한 수들은 모두 72의 약수가 됩니다.

×	$2^0 (= 1)$	2^1	2^2	2^3
$3^0 (= 1)$	1	2	4	8
3^1	3	6	12	24
3^2	9	18	36	72

이 표를 이용하면 약수를 모두 구하지 않아도 어떤 수의 약수의 개수를 알 수 있습니다. 앞의 표에서 2^3의 약수와 3^2의 약수를 곱한 결과를 적은 칸의 개수가 72의 약수의 개수이지요. 즉 가로 4칸과 세로 3칸의 곱인 12개가 72의 약수의 개수입니다. 약수의 개수를 알면 약수를 구할 때 모든 약수를 빠짐없이 모두 구했는지 쉽게 확인할 수 있습니다.

최대공약수

그렇다면 다음과 같은 상황은 어떻게 해결할까요?

Q. 쿠키 2상자와 사탕 2봉지를 샀습니다. 쿠키 1상자에는 쿠키 20
개, 사탕 1봉지에는 사탕 16개가 들어 있습니다. 똑같은 양의 쿠
키와 사탕을 남김없이 최대한 많은 학생에게 나누어 주려고 합니
다. 몇 명에게 몇 개씩 나누어 줄 수 있을까요?

쿠키의 개수는 모두 40개이고, 사탕의 개수는 32개입니다. 40의 약수는 1, 2, 4, 5, 8, 10, 20, 40이고 32의 약수는 1, 2, 4, 8, 16, 32입니다. 40과 32를 동시에 나누어떨어지게 하는 수는 1, 2, 4, 8이지요. 이렇게 **두 수의 공통인 약수를 공약수(公約數)라고 합니다.**

40의 약수: **1**, **2**, **4**, 5, **8**, 10, 20, 40
32의 약수: **1**, **2**, **4**, **8**, 16, 32
➡ 40과 32의 공약수: 1, 2, 4, 8

문제에서 최대한 많은 학생들에게 나누어 주려고 한다고 했으므로, 40과 32의 공약수 중 가장 큰 8이 답이 될 수 있습니다. 즉 쿠키와 사탕은 최대 8명에게 나누어 줄 수 있고, 이때 쿠키는 5개씩, 사탕은 4개씩 주면 됩니다.

여기서 40과 32의 공약수 중 가장 큰 수인 8을 40과 32의 최대공약수라고 합니다. **최대공약수(最大公約數)란 공통인 약수 중에서 가장 큰 수를 말합니다.** 쿠키와 사탕을 남김없이 똑같이 나누어 주기 위해서는 쿠키와 사탕의 약수를 알아야 하고, 공통된 약수 중 가장 큰 수인 최대공약수로 나누면 최대한 많은 학생에게 쿠키와 사탕을 나누어 줄 수 있습니다.

1. 분수의 약분

최대공약수는 이와 같은 생활 속 문제뿐만 아니라 분수의 계산에서도 활용됩니다.

분수는 전체에 대한 부분을 나타내는 수이지요? 예를 들어, 전체를 16조각으로 똑같이 나눈 것 중 4개는 $\frac{4}{16}$라고 씁니다. 그런데 다음 그림을 통해 확인할 수 있듯이 $\frac{4}{16}$는 $\frac{1}{4}$과 크기가 같습니다.

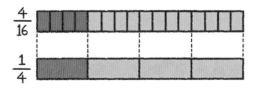

여기서 알 수 있는 것은 분수의 분모와 분자에 각각 같은 수를 곱하거나 나누어도 분수가 나타내는 양은 변하지 않는다는 것입니다.

$$\frac{4}{16} = \frac{4 \div 4}{16 \div 4} = \frac{1}{4}$$

$$\frac{1}{4} = \frac{1 \times 4}{4 \times 4} = \frac{4}{16}$$

분수의 분모와 분자를 같은 수로 나눌 때에는 두 수의 공약수를 사용합니다. 분수를 약분하면 분수가 나타내는 양을 더 쉽게 파악할 수 있다는 장점이 있습니다. 그런데 왜 처음부터 $\frac{1}{4}$로 쓰지 않고 $\frac{4}{16}$로 썼을까요?

$\frac{4}{16}$에는 원래 양에 대한 정보가 있습니다. 예를 들어, 배달 온 커다란 피자 한 판이 16조각이었고 그중에서 내가 4조각을 먹었다고 했을 때 $\frac{4}{16}$로 표현하면 전체가 몇 조각이고 그중 내가 먹은 양이 얼마인지 설명할 수 있지요. 그런데 $\frac{4}{16}$를 $\frac{1}{4}$로 약분하면 내가 전체의 $\frac{1}{4}$을 먹었다는 것은 쉽게 알 수 있지만 처음에 피자 전체가 몇 조각이었는지에 대한 정보는 사라지게 됩니다.

분수를 약분할 필요가 있을 때에는 최대공약수를 사용하는 것이 좋습니다. $\frac{4}{16}$에서 4와 16의 공약수는 1, 2, 4이고, 이 중 최대공약수는 4입니다. 만약 공약수인 2로 약분하여 $\frac{2}{8}$로 표현하면 분수가 나타내는 원래의 정보도 알 수 없을 뿐더러 분수가 나타내는 양을 가장 쉽게 파악할 수 있는 형태도 아니기 때문에 약분의 의미가 없습니다.

2. 큰 수의 최대공약수 구하기

$\frac{4}{16}$에서는 16과 4의 최대공약수가 4라는 것을 쉽게 찾을 수 있습니다. 하지만 $\frac{288}{312}$과 같이 분모와 분자의 수가 큰 경우는 바로 최대공약수를 찾기 어렵습니다. 이때 소인수분해를 활용하면 쉽게 최대공약수를 찾을 수 있답니다.

소인수분해에서 사용했던)__에 최대공약수를 찾고 싶은 두 수 288과 312를 함께 적도록 합니다. 288과 312의 공약수 중 소수인 수를 찾아)__ 왼쪽에 적고, 두 수를 나눈 결과를)__ 아래에 적습니다. 2부터 시작하여 작은 소수부터 찾아 나가는 것이 계산하기 쉽습니다. 모든 짝수는 2로 나누어떨어지므로 두 수가 짝수인 경우 2로 먼저 나누면 되겠지요?

```
2 ) 288    312
2 ) 144    156
2 )  72     78
3 )  36     39
     12     13
```

288과 312를 소수 2와 3으로 반복해서 나누다 보니 12
와 13이 나왔습니다. 12와 13은 공약수가 1밖에 없습니
다. 더는 두 수를 함께 나눌 소수가 없으므로 계산을 멈춥
니다. 왼쪽에 쓰여 있는 2, 2, 2, 3을 곱한 $2 \times 2 \times 2 \times 3$인
24가 288과 312의 최대공약수입니다. 288과 312를 소인
수분해해 보고 $2 \times 2 \times 2 \times 3$이 최대공약수가 맞는지 확
인해 볼까요?

288과 312의 최대공약수 구하기	288 소인수분해	312 소인수분해
2) 288 312	2) 288	2) 312
2) 144 156	2) 144	2) 156
2) 72 78	2) 72	2) 78
3) 36 39	3) 36	3) 39
12 13	3) 12	13
	2) 4	
	2	

288과 312를 각각 소인수분해하면 288은 $2 \times 2 \times 2 \times 3 \times 3 \times 2 \times 2$이고 312는 $2 \times 2 \times 2 \times 3 \times 13$입니다. 이 중 중복되는 부분인 $2 \times 2 \times 2 \times 3$이 288과 312의 최대공약수라는 것을 알 수 있습니다.

$$288 = 2 \times 2 \times 2 \times 3 \times 3 \times 2 \times 2$$
$$312 = 2 \times 2 \times 2 \times 3 \times 13$$

최대공약수

이와 같이 **최대공약수는 각 수를 소인수분해했을 때 공통인 소수들의 곱으로 구할 수 있습니다.** 이때 최대공약수의 약수는 두 수의 공약수가 됩니다.

이렇게 소인수분해는 두 수 이상의 최대공약수를 구할 때 사용할 수 있습니다.

최소공배수

소인수분해가 필요한 상황은 또 있습니다.

Q. 조형물을 설치하기 위해 벽돌을 쌓아 정사각형 모양의 벽을 만들려고 합니다. 벽돌의 가로와 세로의 길이는 각각 16cm, 12cm입니다. 이때 이 벽돌들로 만들 수 있는 가장 작은 정사각형 벽의 한 변의 길이는 얼마입니까?

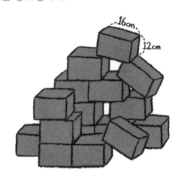

1. 배수, 공배수, 최소공배수

앞의 문제를 해결하기 전에 배수와 공배수에 대해 먼저 알아봅시다.

어떤 수에 2, 3, 4… 등의 자연수를 곱해 나온 수를 '배수(倍數)'라고 합니다. 배수는 '곱하다'라는 뜻의 한자 배(倍)를 써서 '곱해서 얻어지는 수'를 의미합니다. 예를 들어, 5를 1배 한 수는 5에 1을 곱한 5입니다. 5를 2배 한 수는 5에 2를 곱해 10이 되고, 5를 3배 한 수는 15가 됩니다. 이와 같이 5를 1배, 2배, 3배, 4배… 한 수들을 5의 배수라고 합니다. 5에 곱할 수 있는 수는 무수히 많습니다. 따라서 5의 배수는 끝없이 존재합니다.

$$5의 1배 \rightarrow 5 \times 1 = 5$$
$$5의 2배 \rightarrow 5 \times 2 = 10$$
$$5의 3배 \rightarrow 5 \times 3 = 15$$
$$5의 4배 \rightarrow 5 \times 4 = 20$$

공배수(公倍數)는 2개 이상의 수의 공통인 배수를 의

미합니다. 예를 들어, 16과 12의 공배수는 48, 96… 등입니다.

> 16의 배수: 16, 32, **48**, 64, 80, **96**…
> 12의 배수: 12, 24, 36, **48**, 60, 72, 84, **96**…
> ⇒ 16과 12의 공배수: 48, 96…

배수가 무수히 많기 때문에 공배수 역시 끝없이 존재합니다. 공배수가 끝없이 존재하기 때문에 최대공배수는 구할 수 없습니다. 그 대신 **공배수 중에 가장 작은 공배수를 구할 수 있지요.** 이를 최소공배수(最小公倍數)라고 합니다. 12와 16의 공배수 중 가장 작은 배수, 즉 최소공배수는 48이지요.

그렇다면 앞에서 살펴본 정사각형 모양의 벽의 한 변의 길이를 구하는 문제로 돌아가 볼까요? 직사각형 모양의 벽돌을 쌓아 가장 작은 정사각형 모양의 벽을 만들려고 합니다. 정사각형 모양이면 가로와 세로의 길이가 같아야 합니다. 그 길이는 벽돌의 가로인 16의 배수이자 세로인 12의 배수여야 하고요. 다시 말해 정사각형 모양의 벽을 만들려면 벽돌의 가로와 세로 길이의 최소공배수를 구해야 합니다. 16과 12의 최소공배수는 48입니다.

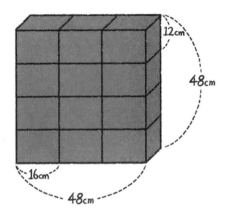

이렇게 가로 16cm, 세로 12cm인 벽돌을 가로로 3개, 세로로 4개 놓으면 벽돌의 가로와 세로 길이의 최소공배수인 48cm를 한 변으로 하는 정사각형이 만들어집니다.

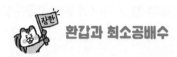# 환갑과 최소공배수

일상생활에서 쉽게 접할 수 있는 최소공배수는 나이를 나타내는 용어 '환갑(還甲)'입니다. 우리나라 나이로 61세가 되는 해를 환갑이라고 합니다. 환갑은 2021년같이 아라비아 숫자로 해를 표시하기 전에 연도를 나타내는 방법에서 유래하였습니다.

오래전 중국에서는 십간십이지를 이용해 연도를 나타냈습니다. 십간은 날짜를 세는 단위이고, 십이지는 달을 세는 단위로 사용되었습니다. 그리고 십간에서 한 글자, 십이지에서 한 글자를 순서대로 합쳐 해를 표시했지요. 갑자년, 을축년, 병인년처럼 말이에요.

십간	갑 (甲)	을 (乙)	병 (丙)	정 (丁)	무 (戊)	기 (己)	경 (更)	신 (申)	임 (壬)	계 (癸)

십이지	자 (子)	축 (丑)	인 (寅)	묘 (卯)	진 (辰)	사 (巳)	오 (午)	미 (未)	신 (申)	유 (酉)	술 (戌)	해 (該)

그렇다면 갑자년이 다시 돌아오기 위해서는 몇 년이 걸릴까요? 십간은 10년마다 처음 글자가 돌아오고 십이지는 12년마다 처음 글자가 돌아오니 십간십이지가 한 바퀴 다 돌아가는 데 걸리는 시간은 10과 12의 최소공배수인 60년입니다. 60년의 마지막 해는 계해년이고 그 다음 해가 다시 갑자년이 됩니다. 즉 십간의 갑(甲)이 다시 돌아왔다는(還) 뜻의 환갑(還甲)은 61세에 맞게 되는 것이지요.

2. 분수의 통분

최소공배수는 최대공약수처럼 일상생활뿐만 아니라 분수의 계산에서도 중요하게 사용됩니다. 최대공약수는 분수를 약분할 때 사용했지요? 최소공배수는 분수의 통분에서 주로 사용됩니다.

통분이란 2개 이상의 분수를 더하거나 뺄 때 분모의 크기를 같게 하는 것을 뜻합니다. 통분에서는 약분에서 확인한 것처럼 분수의 분모와 분자에 같은 수를 곱하거나 나누어도 분수가 나타내는 양의 크기는 변하지 않는다는 것을 이용하지요. 통분은 분수의 계산에서 꼭 알고 있어야 하는 계산 방법입니다. 분수는 전체를 같은 크기로 나눈 것 중에 일부분을 나타내는 수이지요? 예를 들어 피자 $\frac{1}{4}$은 전체를 4등분한 것 중에 1, 피자 $\frac{1}{8}$은 전체를 8등분한 것 중에 1을 나타냅니다. 따라서 $\frac{1}{4}$과 $\frac{1}{8}$은 똑같이 전체를 등분한 것 중에 한 개를 나타내지만 그 크기는 다릅니다. 전체를 얼마로 등분하였는가, 즉 분모가 몇이냐에 따라 그 중 하나의 크기가 결정되지요. 따라서 분모가 서로 다

른 분수의 크기를 비교할 때에는 하나의 크기를 결정하는 기준인 분모의 크기를 같게 해 주는 것이 반드시 필요합니다.

통분을 할 때에는 다양한 방법을 사용할 수 있습니다.

약분하여 통분하기

일단 두 분수 중 하나를 약분하는 방법이 있습니다.

자, $\frac{4}{16}$와 $\frac{1}{4}$을 더해 볼까요? $\frac{4}{16}$와 $\frac{1}{4}$을 더한다고 생각하니 어떻게 해야 할지 막막하지만 $\frac{4}{16}$의 분모와 분자를 각각 4로 나누어 약분하니 $\frac{1}{4}$이 되네요. 그러자 문제는 $\frac{1}{4}$과 $\frac{1}{4}$의 합으로 단순하게 정리되었습니다. 분모가 같은 두 분수의 합은 분자의 합으로 쉽게 구할 수 있지요.

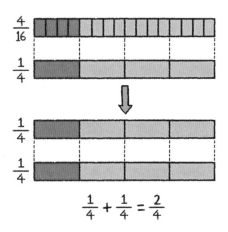

분모끼리 곱한 수로 통분하기

다음으로는 분모끼리 곱한 수를 이용해 통분하는 방법입니다. 이 방법으로 $\frac{5}{18}$과 $\frac{11}{24}$를 더해 볼까요? 분모와 분자에 같은 수를 곱해도 분수의 크기는 변하지 않는다는 것을 생각하면서 $\frac{5}{18}$과 $\frac{11}{24}$의 분모를 18×24로 통분하면 다음과 같습니다.

$$\frac{5}{18} = \frac{5 \times 24}{18 \times 24} = \frac{120}{432}$$

$$\frac{11}{24} = \frac{11 \times 18}{24 \times 18} = \frac{198}{432}$$

따라서 $\frac{5}{18} + \frac{11}{24}$는 $\frac{120}{432} + \frac{198}{432} = \frac{318}{432}$입니다.

이때 분모끼리 곱한 수는 두 수의 공배수입니다. 432는 18의 24배이므로 18의 배수입니다. 또 432는 24의 18배이니 24의 배수이기도 하지요. 분모의 곱으로 통분하는 방법은 두 수의 곱이 너무 커서 계산하기 복잡한 경우가 아니라면 쉽게 할 수 있습니다.

분모의 최소공배수로 통분하기

통분을 하는 세 번째 방법은 분모의 최소공배수를 구하는 것입니다. 앞의 계산 $\frac{5}{18} + \frac{11}{24}$ 을 18과 24의 최소공배수를 이용해 다시 해 봅시다.

$$18의 배수: 18, 36, 54, 72, 90\cdots$$
$$24의 배수: 24, 48, 72, 96\cdots$$

18과 24의 최소공배수는 72입니다. 따라서 $\frac{5}{18}$ 과 $\frac{11}{24}$ 의 분모를 72로 통분할 수 있습니다. 이를 계산하면 다음과 같습니다.

$$\frac{5}{18} + \frac{11}{24} = \frac{5\times4}{18\times4} + \frac{11\times3}{24\times3} = \frac{20}{72} + \frac{33}{72} = \frac{53}{72}$$

앞에서 계산했던 결과인 $\frac{318}{432}$ 의 분모와 분자를 공약수 중 하나인 6으로 약분해 보면 $\frac{53}{72}$ 이 되니 어느 방법으로 계산해도 같은 값이 나온다는 것을 확인할 수 있습니다.

하지만 분수가 나타내는 양을 더 쉽게 확인하기 위해서는 최소공배수를 이용해 더 이상 약분할 필요가 없는 형태로 분수를 정리해서 계산하는 것이 좋습니다.

3. 최소공배수 구하기

최소공배수를 이용하여 분수를 통분하는 방법은 630년경 아라비아 상인들의 계산법에서 발견됩니다. 아라비아 상인들은 인도와 유럽과의 무역을 통해 경제를 발전시켰는데, 그 과정에서 인도의 다양한 계산법을 유럽에 전파한 것으로 알려져 있지요.

이제 최소공배수의 필요성을 알았으니 소인수분해를 이용해 쉽게 최소공배수 찾는 방법을 알아볼까요? 최소공배수는 최대공약수를 구하는 방법과 동일하게 두 수의 공약수이면서 소수인 수로 두 수를 나누어 구합니다.

$$2) \underline{ 18 24 }$$
$$3) \underline{ 9 12 }$$
$$ 3 4$$

왼쪽에 적힌 수인 2와 3의 곱이 18과 24의 최대공약수였지요? 최소공배수는 가장 아래 더 이상 나누어지지 않는 두 수 3과 4까지 곱한 수인 72입니다.

18과 24의 최소공배수: $2 \times 3 \times 3 \times 4$

18과 24의 최대공약수

최소공배수를 구하는 방법으로 최대공약수까지 함께 구할 수 있습니다. 또 최소공배수로 통분하면 분모의 크기를 가장 작게 할 수 있지요. 약분에서 최대공약수를 사용하는 것과 같은 이유로 통분에서도 최소공배수를 사용하면 한눈에 분자와 분모의 비율을 알아보기 쉬우면서도 원래 분수가 가지고 있던 정보도 많이 변형하지 않는다는 장점이 있습니다.

여러 가지 방법으로 통분하는 방법들을 살펴보았습니다. 통분할 때 어떤 방법을 사용해야 한다는 규칙은 없습니다. 여러 가지 방법 중 여러분이 편하고 계산을 쉽게 할 수 있는 방법을 선택하여 사용하면 됩니다.

1. 소인수분해는 소수인 인수의 곱으로 정수를 나타내는 방법을 의미합니다.

$$\boxed{2 \times 3 \times 3 = 18}$$ 소인수분해: 소수로만 18의 인수를 나타냄.

18의 인수

2. 소인수분해는 임의의 수의 약수를 찾는 데 활용될 수 있습니다. 소인수분해는 임의의 수를 소수로 나누는 과정을 반복합니다.

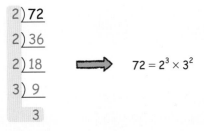

$$72 = 2^3 \times 3^2$$

3. 소인수분해는 2개 이상의 임의의 수들의 최대공약수와 최소공배수를
   찾는 데 활용될 수 있습니다. 이는 2개 이상의 분수를 약분하거나 통
   분할 때 유용하게 사용됩니다.

$$
\begin{array}{r|rr}
2 & 288 & 312 \\
\hline
2 & 144 & 156 \\
\hline
2 & 72 & 78 \\
\hline
3 & 36 & 39 \\
\hline
 & 12 & 13
\end{array}
$$

$288 = 2 \times 2 \times 2 \times 3 \times 12$

$312 = 2 \times 2 \times 2 \times 3 \times 13$

최대공약수

$288 = 2 \times 2 \times 2 \times 3 \times 12$

$312 = 2 \times 2 \times 2 \times 3 \times 13$

최소공배수 $2 \times 2 \times 2 \times 3 \times 12 \times 13$

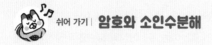

우리가 학교에서 배우는 소수는 최대공약수와 최소공배수를 찾는 데 사용되지만, 실생활에서 소인수분해는 대표적으로 인터넷 보안 암호를 만드는 데 활용됩니다. 큰 소수의 곱은 소인수분해가 어렵다는 점을 이용한 것이지요.

현재 사용되고 있는 인터넷 보안 암호 중 RSA 암호는 소인수분해를 이용한 것입니다. 개발자인 로널드 라이베스트(Ronald Rivest), 아디 샤미르(Adi Shamir), 레너드 애들먼(Leonard Adleman)의 이름의 머리글자를 따 RSA라고 하지요. RSA 암호에서 소인수분해를 어떻게 활용했는지 알아봅시다.

핸드폰의 잠금장치를 풀기 위해서는 내가 설정한 비밀번호를 입력해야 하지요? RSA 암호에서는 2개의 소수를 곱한 수가 나오고, 그 수를 소인수분해한 결과를 입력해야 잠금장치가 풀립니다. 예를 들어, RSA 암호에서 화면에 6이라는 숫자가 나오면 소수 2와 3을 입력해야 하는 것이지요.

그런데 6은 특별한 계산 없이도 소수 2와 3의 곱이라는 것을 쉽게 알 수 있습니다. 그렇다면 4068312181은 어떨까요? 곱해서 4068312181을 만드는 두 소수는 51341과 79241입니다. 51341과 79241을 곱하는 것은 쉬워도 곱한 값을 보고 원래의 두 소수를 찾는 것은 어렵습니다. RSA 암호는 이러한 원리를 이용해 암호 체계를 만든 것이죠. 따라서 더 큰 소수를 찾는 것은 더 복잡한 암호 체계를 만드는 데에도 중요합니다.

사실 처음 RSA 암호가 등장했을 때 사람들은 그 안정성에 대해 의문을 제기했어요. 소인수분해에 그렇게 오랜 시간이 걸릴까 하고 의심했던 것이지요. 그러자 세 과학자는 1993년 암호 번호 RSA-129 암호를 세상에 공표하고 수백만 년이 걸려도 쉽게 풀 수 없을 거라 장담했지요. 하지만 1년도 안 되어 600여 명의 수학자들이 함께 연구하여 두 소수를 찾아냈어요. 하지만 RSA-129보다 더 큰 소수일 경우 소인수분해를 하는 데 더 오랜 시간이 걸릴 거라는 점은 모든 사람들이 동의하고 있지요. RSA-129를 푸는 데 600여 명의 수학자들이 1년 동안 연구한 시간도 결코 짧다고는 할 수 없고요.

<RSA-129 암호>

1143816257578888676692357799761466120102182967212423625625618429357069352457338978305971235639587050589890751475992900268 79543541

소수

34905295108476509491478496199038981334177646384933878439908205 77와

소수

32769132993266709549961988190834461413177642967992942539798288533의 곱이다.

앞에서 살펴본 리만 가설이 증명되면 소수 분포를 예측할 수 있고 암호도 더 빨리 풀 수 있을까요? 하지만 설령 리만 가설이 증명되어 모든 소수를 찾을 수 있다 하더라도 소인수분해를 실시간으로 매우 빨리 하는 것은 다른 문제입니다. 성능이 좋은 컴퓨터를 이용하더라도 암호에 사용된 소수를 찾아내는 데에는 시간이 꽤 걸릴 수밖에 없기 때문에 암호에 계속 소수가 사용될 것으로 예상됩니다. 그래서 리만 가설을 푸는 것만큼 큰 소수를 계속 찾아내는 것도 중요하지요.

4부

인수분해

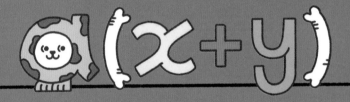

소인수분해는 큰 수를 소수의 곱으로 나타내어 그 수가 어떤 인수들로 구성되어 있는지 한눈에 알아볼 수 있도록 도와줍니다.

이렇게 더 이상 나눌 수 없는 인수의 곱으로 분해하는 것은 수뿐만 아니라 식에서도 가능합니다. 다만 식을 분해할 때는 '소수'의 곱으로 나타내는 것이 아니므로 '소' 자를 뺀 '인수분해'라고 하지요. 이 장에서는 다항식의 정의, 다항식을 인수분해하는 것의 의미, 그리고 다항식을 인수분해하는 방법에 대해 차례차례 알아보겠습니다.

인수분해의 대상, 다항식

숫자나 기호를 이용해 수학 문제를 간단히 나타낸 것을 '식(式)'이라고 합니다. 일반적으로 식을 이야기할 때 $3 + 2 = 5$ 와 같이 등호(=)가 있는 식만을 떠올리는데, 식에는 등호를 사용하는 등식, 부등호($<$, $>$, $\neq$)를 사용하는 부등식, 등호나 부등호가 없는 단항식과 다항식 등 여러 가지가 있습니다.

1. 항과 다항식

그중 **인수분해의 대상이 되는 식은 다항식입니다.** 다항식은 '많다'는 의미의 한자 다(多), 식의 구성단위를 나타내는 한자 항(項), 수학적 관계를 의미하는 한자 식(式)을 합쳐 만든 단어입니다. '항'은 일상생활에서 '항목, 조항' 같은 단어에서 사용되는 한자입니다. 즉, 다항식은 식의 구성 단위인 '항(項)이 많은 식'으로 이해할 수 있습니다.

다항식에서는 곱셈 기호(×)로 연결된 숫자, 문자, 숫자와 문자의 곱, 문자끼리의 곱 등을 하나의 단위, '항'으로 생각합니다. 소인수분해에서도 하나의 자연수를 여러 소수들의 곱으로 나타냈지요? 어떤 수를 이루는 원소인 소수들의 곱으로 하나의 수가 만들어지는 것처럼, 다항식에서도 곱셈으로 연결된 수나 문자들은 하나의 항을 이루는 원소들로 여겨집니다. 이때의 문자는, 식에서 모르는 숫자를 대신해 사용하는 a, b, $c\cdots$나 x, $y\cdots$ 같은 알파벳 문자를 의미합니다.

항의 종류	예	비고
숫자	$2, 0.11, \dfrac{4}{7}, \sqrt{3}$	2는 2 × 1로 생각할 수 있습니다.
문자	a, b, x, y	a는 a × 1로 생각할 수 있습니다.
숫자와 문자를 곱한 것	$3a, \dfrac{1}{2}x$	곱셈 기호 ×는 생략할 수 있습니다.
문자끼리 곱한 것	ab, ax	곱셈 기호 ×는 생략할 수 있습니다.

2, a, $\dfrac{1}{2}x$, ax와 같이 하나의 항, 즉 곱셈 기호로 연결된 식을 '항이 하나인 식'이라는 의미의 단항식이라고 합니다. 다항식은 '항이 많은 식'으로 다음과 같이 2개 이상의 항이 덧셈 기호로 연결되어 있는 식을 지칭합니다.

항   항
3a   +   2   → 다항식

2. 문자가 의미하는 것

다항식에는 숫자와 문자가 각각 또는 같이 사용됩니다. 이때 여러 문자들이 무엇을 의미하는지를 나타내기 위해 문자를 미지수, 상수, 변수로 구분하여 부릅니다.

미지수

미지수(未知數)는 '아직 알지 못하는 수'라는 의미입니다. 식을 풀어서 구해야 하는, 아직은 알지 못하는 수이지요. 그리고 이 미지수를 나타낼 때 알파벳을 사용합니다. 이때 알파벳 x, y, z…를 순서대로 적습니다.

예 어떤 수에 **5**를 더하면 **8**이 됩니다. 어떤 수는 무엇입니까?

식: $x + 5 = 8$

➡ x는 식에서 구해야 할, 모르는 값을 의미합니다.

상수

상수(常數)는 '항상 같다'라는 의미의 한자 상(常)을 씁니다. '항상 같은 수'라니 이상하지요? 더군다나 항상 같은 수를 왜 숫자로 쓰지 않고 문자로 나타내는지 언뜻 이해가 잘 가지 않습니다.

예를 들어, 다음과 같이 수의 규칙을 설명하는 경우 알파벳 a부터 순서대로 사용하여 식을 나타낼 수 있습니다. 이때 a는 식에서 모르는 값, 구해야 할 값이 아니라 어떤 수를 넣어도 식이 성립하는 수로 이해할 수 있습니다.

예 임의의 자연수 a, b에 대해 $a \div b = \dfrac{a}{b}$

➡ 'a와 b 대신에 어떤 자연수를 넣어도 $a \div b = \dfrac{a}{b}$라고 쓸 수 있다.'라는 의미입니다.

변수

변수(變數)는 '변하는 수'라는 의미를 가지고 있습니다.

결정되지 않고 조건에 따라 변할 수 있는 수를 문자로 나타낼 경우 k, p, q… 등 임의의 알파벳을 사용합니다.

예를 들어, 자동차의 평균 속력을 식으로 나타내 봅시다. 평균 속력은 일정한 시간 동안 자동차가 이동한 거리를 걸린 시간으로 나누면 구할 수 있습니다. 이때, 자동차의 속력, 이동 거리, 걸린 시간은 자동차의 상태에 따라 시시각각 계속 변하므로 임의의 알파벳으로 나타낼 수 있습니다. 일반적으로 자동차의 속력은 영어 단어 스피드(speed)의 앞 글자 s, 이동 거리는 디스턴스(distance)의 앞 글자 d, 걸린 시간은 타임(time)의 앞 글자 t를 이용해 다음과 같이 나타냅니다.

$$s = \frac{d}{t}$$

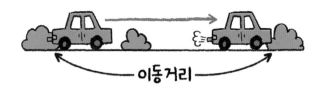

이동거리

② 다항식의 구분, 차수

수학은 기준을 정해 대상을 분류하여 그 특징을 연구하는 학문입니다. 수와 식, 도형 등 세상의 모든 수학적 대상을 분류하지요. 그렇다면 다항식은 어떻게 분류할 수 있을까요? 항이 1개 있는 식을 단항식이라고 했으니 항이 2개 있으면 이항식, 항이 3개 있으면 삼항식처럼 항의 개수로 분류하는 것은 어떨까요? 분류는 가능하지만 $ax + by + cz\cdots$와 같이 끝없이 길게 만들 수 있는 식을 항의 개수로 구분하는 것은 수학적으로 특별한 의미가 없답니다. 그래서 수학자들은 식에 있는 문자를 곱하는 횟수에 주목했어요. 같은 수를 반복해서 곱할 때, 지수를 이용해서 $5 \times 5 \times 5 = 5^3$과 같이 간단하게 나타냈지요? 마찬가지로 같은 문자를 반복해서 곱할 때에도 지수를 이용해서 긴 식을 짧게 줄여 나타낼 수 있어요.

$$x = x$$
$$x \times x = x^2$$
$$x \times x \times x = x^3$$
$$x \times x \times x \times x = x^4$$

그런데 **문자를 반복해서 곱한 횟수는 지수가 아닌 차수**(次數)**라고 합니다.** 지수와 차수는 표시하는 방법은 비슷하지만 의미는 다르답니다. **지수는 같은 수를 반복해서 곱한 횟수인 반면, 차수는 꼭 같은 문자가 아니어도 문자들을 곱한 횟수를 모두 나타냅니다.** 다음 표를 함께 살펴봅시다.

항	차수
$-2x^2$	2
$5x$	1
$2x^2y^4$	6
ab	2
112	0

$-2x^2$은 문자 x를 두 번 곱했으니 차수가 2입니다. -2는 문자가 아니므로 차수를 셀 때 반영하지 않습니다. $5x$에서 x는 x^1로 생각할 수 있기 때문에 $5x$의 차수는 1입니다. 반면, $2x^2y^4$는 x를 두 번, y를 네 번 곱했으므로 차수는 6입니다. 만일 지수로만 생각한다면 동일한 문자를 곱한 횟수만을 찾아야 하지만 차수는 문자의 종류와 상관없이 곱한 횟수를 모두 셉니다. 따라서 $2x^2y^4$, 즉 $2 \times x \times x \times y \times y \times y \times y$는 문자가 모두 여섯 번 곱해져 있으므로 차수가 6입니다. 같은 방법으로 ab는 문자 a와 b, 즉 2개의 문자를 곱했으므로 차수가 2입니다. 112는 문자를 하나도 곱하지 않았으므로 차수는 0입니다. 물론 112는 112^1이므로 지수는 1이지만요. 다항식을 차수로 분류하는 이유는 차수에 따라 계산 방법과 식을 그래프로 나타내는 방법을 수학 공식으로 일반화할 수 있기 때문이에요.

자, 이제 다항식과 관련한 모든 용어들을 확인했습니다. 그런데 도대체 식을 인수분해하는 것이 어떤 의미가 있기에 이렇게 복잡한 용어들을 알아야 하는 걸까요? 다음 이야기를 통해 인수분해의 의미를 생각해 봅시다.

③
인수분해의 의미

　옷장에 티셔츠들이 마구 섞여 있는 상황을 떠올려 보세요. 내가 입고 싶은 옷을 쉽게 찾을 수 없을 뿐더러 무슨 옷이 있는지 기억조차 나지 않을 거예요. 옷을 빠르고 편하게 찾아 입으려면 티셔츠를 정리해야겠지요? 티셔츠들을 정리하기 위해서는 모두 다 꺼내서 기준에 따라 분류해야 합니다. 예를 들어, 티셔츠를 색깔별로 정리할 수 있겠지요. 색깔별로 구별해서 묶어 보면 무슨 색 티셔츠가 몇 장 있는지 훨씬 알기 쉬워질 거예요.

인수분해에 무슨 티셔츠 이야기냐고요? 인수분해도 티셔츠를 정리하는 것과 비슷하거든요. 인수분해는 식을 정리하는 과정이니까요. 예를 들어, 과일 가게에 사과가 12개씩 들어 있는 상자가 4개, 배가 8개씩 들어 있는 상자가 4개 있다고 생각해 보세요. 사과와 배의 개수는 모두 몇 개일까요? 사과와 배의 개수를 식으로 나타내면 다음과 같아요.

배의 개수 8 × 4   사과의 개수 12 × 4
➡ 사과와 배의 개수 (12 × 4) + (8 × 4)

그런데 사과와 배의 개수는 다음과 같이 생각할 수도 있습니다.

➡ 사과와 배의 개수 (12 + 8) × 4

$(12 \times 4) + (8 \times 4)$와 $(12 + 8) \times 4$의 계산 결과는 같습니다. 하지만 $(12 \times 4) + (8 \times 4)$보다 $(12 + 8) \times 4$, 즉 20×4를 계산하는 것이 더 빠르게 답을 구할 수 있습니다. 이처럼 식을 다른 방법으로 바꾸어 나타내면 더 쉽게 문제를 해결할 수도 있지요.

인수분해는 이렇게 식을 간단히 나타내는 방법 중 하나입니다. 소인수분해가 어떤 수를 소수의 곱으로 나타내듯 인수분해는 어떤 식을 더 이상 인수분해가 되지 않는 식의 곱으로 바꾸지요. 만일 인수분해를 했는데도 하나의 인수를 다시 인수분해할 수 있다면 인수분해가 아직 끝나지 않은 것입니다.

반면 **인수분해한 식을 이전의 상태로 되돌리는 것을 '전개'라 합니다.**

$$x^2 + 5x + 4 \xleftarrow[\text{전개}]{\text{인수분해}} (x + 1)(x + 4)$$

➡ $(x + 1)$과 $(x + 4)$ 사이에는 곱셈 기호 ×가 생략되어 있습니다.

위 식에서 $x^2 + 5x + 4$의 인수는 1과 $(x^2 + 5x + 4)$, 그리고 $(x + 1)$과 $(x + 4)$라는 것을 알 수 있어요. 즉, $x^2 + 5x + 4$의 인수는 모두 4개입니다. 어떻게 $x^2 + 5x + 4$가 $(x + 1)(x + 4)$로 인수분해되는지 잘 모르겠다고요? 지금부터 천천히 알아보도록 해요. 지금은 $x^2 + 5x + 4$가 $(x + 1)$과 $(x + 4)$의 곱으로 인수분해될 수 있다는 것만 기억해 두세요.

인수분해는 대부분의 사람들이 일상생활을 하는 데에는 크게 필요하지 않아요. 가게에서 물건을 사거나 요리를 하는 일에는 덧셈, 뺄셈, 곱셈, 나눗셈의 사칙연산만으로 충분한 경우가 많지요. 하지만 **공학이나 과학, 건축 등 복잡한 수학적 계산이 필요한 분야에서는 인수분해가 무척 유용하게 사용됩니다.** 이러한 경우에도 인수분해를 잘하는 것 자체가 목적이기보다는 다양한 문제를 해결하기 위해 인수분해를 이용하는 것이지요. 우리가 인수분해를 잘 알고 있다면 어려운 계산 문제를 조금 더 쉽고 빠르게 풀 수 있습니다. 구구단을 암기하고 있으면 큰 수의 곱셈도 쉽고 빠르게 할 수 있는 것과 같은 원리에요. 따라서 인수분해는 인수분해의 개념만큼이나 인수분해를 빠르게 할 수 있는 방법을 이해하고 기억하는 것이 중요합니다.

예를 들어, $\dfrac{x^4 - x^2}{x^3 + x^2}$ 와 같이 복잡해 보이는 분수식도 분모와 분자를 각각 $\dfrac{x^2(x-1)(x+1)}{x^2(x+1)}$ 로 인수분해한 후, 분모와 분자를 공통 인수 $x^2(x+1)$ 로 나누면 $x - 1$ 이라는 간단한 식으로 나타낼 수 있습니다.

자, 이제 어떻게 $\dfrac{x^4 - x^2}{x^3 + x^2} = x - 1$ 이라는 마법 같은 계산이 가능한지 함께 알아봅시다.

공통 인수를 이용한 인수분해

인수분해는 다항식을 인수의 곱으로 나타내는 것입니다. 다항식은 2개 이상의 항이 덧셈, 뺄셈 등으로 연결된 식이지요. 또한 항은 숫자와 문자가 곱셈으로 결합되어 있으므로 각 항 역시 인수의 곱으로 생각할 수 있습니다. 하나의 다항식을 이루는 여러 개의 항에 서로 같은 인수가 있을 때, 그 인수를 공통 인수라고 합니다.

예를 들어 $ax + ay - az$라는 다항식을 생각해 봅시다. 이 다항식은 ax, ay, az라는 3개의 항으로 구성되어 있습니다. ax는 a와 x라는 2개의 인수의 곱입니다. ay 역시 인수 a와 y의 곱으로, az는 인수 a와 z의 곱으로 나타낼 수 있지요. 이때, ax, ay, az 모두 a를 인수로 가지고 있고, 따라서 a가 공통 인수입니다.

인수분해를 할 때 가장 먼저 하는 것이 공통 인수로 묶어 보는 것입니다. 이때 1로 묶는 것은 의미가 없으니 1은 제외하도록 합니다. 예를 들어, $ax + ay - az$는 공통 인수 a로 묶고, 공통 인수로 나눈 몫은 괄호로 하여 다음과 같이 나타낼 수 있습니다. 즉, 3개의 항을 가진 $ax + ay - az$는 인수 a와 인수 $(x + y + z)$의 곱으로 인수분해됩니다.

$$ax + ay - az = a(x + y - z)$$

어떻게 이처럼 공통 인수로 묶는 것이 가능할까요? 곱셈의 분배 법칙을 거꾸로 하면 됩니다. 곱셈의 분배 법칙은 괄호 안에 덧셈 혹은 뺄셈으로 연결된 수 각각에 같은 수를 곱해도 전체 값은 같다는 법칙입니다. 다음과 같이 말이에요.

$$(a + b) \times c = (a \times c) + (b \times c)$$
$$(a - b - c) \times d = (a \times d) - (b \times d) - (c \times d)$$

곱셈의 분배 법칙

곱셈의 분배 법칙은 두 수의 합에 어떤 수를 곱한 값은 두 수에 각각 어떤 수를 곱해 더한 값과 같다는 것입니다. 이는 직사각형 모양을 떠올리면 쉽게 이해됩니다. 예를 들어 $5 \times (2 + 3)$라는 식이 있을 때 2와 3에 각각 5를 곱해 $(5 \times 2) + (5 \times 3)$로 계산해도 값은 같습니다.

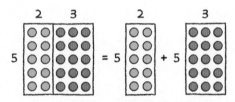

$$5 \times (2 + 3) = (5 \times 2) + (5 \times 3)$$

$5 \times (2 + 3)$을 $(5 \times 2) + (5 \times 3)$으로 바꾸어 나타낼 수 있는 것처럼 $(5 \times 2) + (5 \times 3)$도 공통 인수 5를 이용해 $5 \times (2 + 3)$으로 인수분해하는 것이지요. 이때 공통 인수는 다음과 같이 숫자, 문자, 숫자와 문자의 곱 모든 것이 가능해요.

$$x^2 + 2x = x(x + 2) \quad \text{공통 인수 } x$$
$$8a^2 + 4a = 4a(2a + 1) \quad \text{공통 인수 } 4a$$
$$2xy - 3yz = y(2x - 3z) \quad \text{공통 인수 } y$$

⑤
완전제곱식을 이용한 인수분해

　자, 앞에서 공통 인수로 묶어 인수분해하는 방법을 알 아보았습니다. 이 외에도 인수분해를 빠르고 간편하게 할 수 있는 다양한 방법들이 있습니다.

　인수분해 공식 중 가장 쉽게 사용할 수 있는 것이 완전 제곱식입니다. 완전제곱식은 3×3과 같이 같은 수를 두 번 곱할 때 지수를 이용해 3^2으로 나타내는 제곱과 의미 가 같아요. **완전제곱식은 어떤 다항식을 두 번 곱한 것, 즉 $(a+b) \times (a+b)$를 $(a+b)^2$으로 나타내는 식을 말합니다.** 이때 앞에 어떤 문자나 식이 곱해지지 않아야 완전제곱식이라 고 할 수 있습니다. 다만 식 앞에 숫자를 곱한 경우는 상관 하지 않습니다.

경우	예시	완전제곱식 여부
식의 제곱	$\left(a - \dfrac{b}{2}\right)^2$	○
제곱한 식 앞에 숫자가 곱해진 경우	$2\left(x + \dfrac{y}{2}\right)^2$	○
제곱한 식 앞에 문자가 곱해진 경우	$x(y + a)^2$	×
제곱한 식 앞에 식이 곱해진 경우	$(x + a)(y - b)^2$	×

어떤 다항식을 완전제곱식으로 인수분해하기 위해서는 어떤 유형의 식이 완전제곱식이 되는지 알고 있어야 해요. 그래야 빨리 공식을 적용할 수 있겠지요? 우선 완전제곱식을 전개해 봅시다. 완전제곱식을 전개한 식을 거꾸로 인수분해하면 다시 완전제곱식이 될 테니까요. 식 $(a + b)^2$을 전개해 봅시다.

쉽게 이해하기 위해 a를 5, b를 2로 바꾸어 한번 생각해 봅시다. $(5 + 2)^2$을 전개해 볼게요.

5^2은 다음 그림처럼 나타낼 수 있습니다. 같은 방법으로 $(5 + 2)^2$ 역시 그림으로 나타내 봅시다.

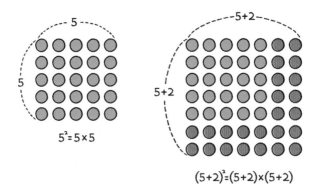

$5^2 = 5 \times 5$

$(5+2)^2 = (5+2) \times (5+2)$

그림에서 $(5+2)^2$은 7^2, 즉 49와 같다는 것을 바로 알 수 있습니다. 하지만 우리는 $(a+b)^2$의 전개 과정을 이해하기 위해 $(5+2)^2$을 풀어서 계산하면 어떻게 식으로 나타낼 수 있는지에 관심이 있습니다.

우선 파란색 원은 5×5, 즉 5^2으로 생각할 수 있습니다. 이제 빨간색 원을 식으로 나타내야 하는데 원들이 ⌐ 모양으로 배열되어 있어 하나의 곱셈식으로 나타내기 어렵습니다. 완전제곱식에 사용된 5와 2를 기준으로 다음과 같이 세 부분으로 나누어 $(5+2)^2$을 전개하면 다음과 같습니다.

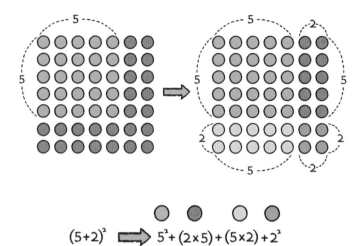

$$(5+2)^2 \implies 5^2 + (2 \times 5) + (5 \times 2) + 2^2$$

식 $5^2 + (2 \times 5) + (5 \times 2) + 2^2$에서 (2×5)와 (5×2)의 계산 결과가 같으니 (5×2)가 두 번 더해진 것과 같습니다. 따라서 식을 정리하면 $5^2 + 2(5 \times 2) + 2^2$가 됩니다. 이때 $2(5 \times 2)$에서 2와 (5×2) 사이에 곱셈 기호 ×가 생략되어 있습니다. 즉, $(5 + 2)^2$을 전개하면 다음과 같이 나타낼 수 있지요.

$$(5 + 2)^2 = 5^2 + 2(5 \times 2) + 2^2$$

이를 토대로 식 $(a + b)^2$을 전개하면 다음과 같이 나타낼 수 있지요.

$$(a + b)^2 = a^2 + 2ab + b^2$$

따라서 어떤 식이 $a^2 + 2ab + b^2$의 형태로 되어 있다면 $(a + b)^2$의 완전제곱식으로 인수분해할 수 있습니다.

예를 들어, $4x^2 + 20x + 25$라는 다항식을 살펴봅시다. 일단 $4x^2$은 2^2x^2, 즉 $(2x)^2$과 같고, 25는 5^2과 같습니다. 그다음 가운데 $20x$를 보면 $2 \times 2x \times 5$인 것을 알 수 있죠. 따라서 $4x^2 + 20x + 25$는 $(2x)^2 + 20x + 5^2$으로 생각할 수 있고, $(2x + 5)^2$으로 인수분해할 수 있다는 것을 알 수 있습니다.

$$4x^2 + 20x + 25$$
$$= (2x)^2 + 2(2x \times 5) + 5^2$$
$$= (2x + 5)^2$$

이번에는 식 $4x^2 + 16x + 16$을 살펴봅시다. 일단 공통

인수 4로 먼저 인수분해를 하면 $4(x^2 + 4x + 4)$가 됩니다. 그런데 $x^2 + 4x + 4$는 $(x + 2)^2$으로 인수분해됩니다. 완전제곱식은 제곱식에 임의의 숫자를 곱한 것도 포함한다고 했었지요? 따라서 식 $4x^2 + 16x + 16$은 완전제곱식 $4(x + 2)^2$으로 인수분해됨을 알 수 있습니다.

$$4x^2 + 16x + 16$$
$$= 4(x^2 + 4x + 4)$$
$$= 4(x^2 + 2 \times x \times 2 + 2^2)$$
$$= 4(x + 2)^2$$

인수분해 공식 중 대표적인 몇 가지에 대해 알아보았어요. 이 외에도 인수분해 공식은 다양하답니다. 인수분해 공식을 대할 때 어려운 공식을 외워야 한다는 부담감이 아니라, "식을 간단히 나타내기 위해 어떻게 논리적으로 생각할 수 있을까?"를 먼저 떠올려 보세요. 인수분해 공식들은 여러분의 계산을 도와주는 수학자들의 노력의 결과랍니다.

1. 다항식의 인수분해란 다항식을 식의 곱으로 바꾸는 방법입니다.

2. 항(項)이란 곱셈 기호(×)로 이루어진 식의 단위입니다.

항의 종류	예	비고
숫자	$2, 0.11, \frac{4}{7}, \sqrt{3}$	2는 2 × 1로 생각할 수 있습니다.
문자	a, b, x, y	a는 a × 1로 생각할 수 있습니다.
숫자와 문자를 곱한 것	$3a, \frac{1}{2}x$	곱셈 기호 ×는 생략할 수 있습니다.
문자끼리 곱한 것	ab, ax	곱셈 기호 ×는 생략할 수 있습니다.

3. 인수분해 공식은 인수분해를 쉽고 빠르게 하는 방법을 정리한 것입니다. 인수분해 공식은 다양합니다.

1) 공통 인수로 묶기

   예 $x^2 + 2x = x(x + 2)$

      $8a^2 + 4a = 4a(2a + 1)$

      $2xy - 3yz = y(2x - 3z)$

2) 완전제곱식으로 바꾸기

   예 $a^2 + 2ab + b^2 = (a + b)^2$

매미는 보통 땅속에서 약 5년을 머무른다고 알려져 있습니다. 그런데 아시아 지역의 일부 매미는 무려 17년을 땅속에서 산다고 합니다. 또한 미국 지역에 사는 다른 종의 매미들을 보면 13년 동안 땅속 생활을 하는 매미도 있고 7년간 땅속 생활을 하는 매미도 있습니다. 5, 7, 13, 17은 모두 소수입니다.

우리나라에서 흔한 참매미의 경우 보통 마른 나뭇가지에 구멍을 뚫고 알을 낳습니다. 1년이 지난 다음해 7월경에 알에서 깨어납니다. 보통 곤충들은 이때 다 큰 어른(성충)이 되어서 여름에 활동합니다. 그러나 매미는 알에서 깨어나면 애벌레 상태에서 나무에서 떨어진 다음 땅속으로 들어갑니다. 이때 개미를 비롯한 다른 곤충의 먹이가 되기도 하죠. 땅속으로 무사히 들어간 애벌레는 매미가 될 때까지 땅속에서 나무뿌리의 즙을 먹으면서 살아갑니다. 땅속에서 5, 7, 13, 17년을 산 매미는 성충이 되어 땅밖으로 나와 약 6주 동안 살다가 죽습니다.

그런데 왜 매미는 땅속에서 5, 7, 13, 17과 같이 소수인 기간 동안 살까요? 그 이유에 대해 두 가지 주장이 있습니다. 첫 번째는 삶의 주기가 소수이면 매미를 잡아먹는 천적을 피하기 쉽다는 것입니다. 예를 들어 매미의 삶의 주기가 6년이고 천적이 2년이라면 매미와 천적은 6년마다 만나게 되겠지요. 하지만 매미의 삶의 주기가 7년이라면 삶의 주기가 2년인 천적과는 14년마다 만나게 됩니다. 이렇듯 소수인 기간 동안 땅속에 머무르면 더 오래 천적을 만나지 않고 자손을 늘리며 살 수 있습니다.

또 다른 주장은 매미들 사이의 경쟁을 피하기 위해 삶의 주기를 겹치지 않게 한다는 것입니다. 만약 모든 매미들이 5년마다 성충이 된다면 5년마다 먹이를 두고 매미들 사이의 경쟁이 치열하겠지요? 결국 서로의 주기를 소수로 다르게 하면 그만큼 서로 경쟁할 확률이 줄어들 수 있습니다. 예를 들어 삶의 주기가 7년인 매미와 13년인 매미는 91년마다 만나게 되므로 서로 경쟁을 줄일 수 있답니다.

이미지 정보　26면　Sue Clark (commons.wikimedia.org)

수학 교과서 개념 읽기

소수 약수에서 인수분해까지

초판 1쇄 발행 | 2021년 1월 22일
지은이 | 김리나
펴낸이 | 강일우
책임편집 | 김보은
조판 | 신성기획
펴낸곳 | (주)창비
등록 | 1986년 8월 5일 제85호
주소 | 10881 경기도 파주시 회동길 184
전화 | 031-955-3333
팩시밀리 | 영업 031-955-3399 편집 031-955-3400
홈페이지 | www.changbi.com
전자우편 | ya@changbi.com

ⓒ 김리나 2021
ISBN 978-89-364-5937-6 44410
ISBN 978-89-364-5936-9 (세트)